几种氧化物基紫外探测器

方向明 著

本书数字资源

北 京

冶 金 工 业 出 版 社

2025

内 容 提 要

本书系统阐述了金属氧化物半导体（TiO_2、Bi_2O_3 和 SnO_2）基紫外探测器的制备工艺与性能优化研究。首先介绍了紫外探测器的基本工作原理及三类氧化物的研究现状，随后重点分析了三种材料的制备方法、结构表征技术及其光电性能测试体系。在单相材料研究基础上，进一步探讨了异质结器件的构筑策略与性能增强机制，包括 TiO_2/Ag、$TiO_2/Ag/ZnS$、Bi_2O_3/ZnO、g-C_3N_4/Bi_2O_3 和 ZnO/SnO_2 等典型体系。通过对比异质结与单相器件的响应度、探测率等关键参数，揭示了界面工程对紫外探测性能的提升作用，为新型高性能紫外探测器的设计提供了理论指导和技术参考。

本书可供从事光电功能材料方向研究的科研人员和工程技术人员阅读，也可供大专院校有关专业的师生参考。

图书在版编目 (CIP) 数据

几种氧化物基紫外探测器 / 方向明著. -- 北京：冶金工业出版社，2025. 7. -- ISBN 978-7-5240-0257-4

Ⅰ. TN23

中国国家版本馆 CIP 数据核字第 2025AY5120 号

几种氧化物基紫外探测器

出版发行	冶金工业出版社	电　　话	(010)64027926
地　　址	北京市东城区嵩祝院北巷 39 号	邮　　编	100009
网　　址	www.mip1953.com	电子信箱	service@ mip1953.com

责任编辑　于昕蕾　李攀云　美术编辑　吕欣童　版式设计　郑小利
责任校对　梅雨晴　责任印制　范天娇
唐山玺诚印务有限公司印刷
2025 年 7 月第 1 版，2025 年 7 月第 1 次印刷
710mm×1000mm　1/16；9.5 印张；185 千字；142 页
定价 **80. 00** 元

投稿电话　(010)64027932　投稿信箱　tougao@cnmip. com. cn
营销中心电话　(010)64044283
冶金工业出版社天猫旗舰店　yjgycbs. tmall. com
(本书如有印装质量问题，本社营销中心负责退换)

前　　言

　　太阳辐射的光谱范围广泛，其中紫外线虽然仅占太阳总辐射能的7%左右，但其独特的波长特性使其在多个领域具有重要的应用价值。根据波长范围，紫外线可分为真空紫外线（VUV）、紫外线 C（UVC）、紫外线 B（UVB）和紫外线 A（UVA）四个部分，每个部分都有其特定的应用领域和重要性。例如，真空紫外线在气体探测、表面改性、环境污染治理和天文学研究等领域发挥着重要作用；紫外线 C 可用于火焰传感、污染监测、臭氧监测和导弹预警等方面；而紫外线 B 和紫外线 A 则对人体健康有显著影响，适量照射可促进矿物质代谢，但长期暴露则会对皮肤造成伤害。

　　当紫外线照射到禁带宽度合适的半导体材料上时，价带上的电子会吸收光子能量并跃迁至导带，同时在价带中产生数量相等、电性相反的"空穴"。这些电子和空穴在半导体材料中的定向移动形成电流，从而实现光信号到电信号的转换。通过检测这些电信号，可以实现对紫外线的探测。紫外探测器作为一种将紫外线信号转换为电信号的光电转换装置，在现代科技中扮演着至关重要的角色。它不仅广泛应用于环境监测、化工/生物传感、光通信及工业自动控制等民用领域，还在空间探索、火箭洲际导弹监视等军用领域发挥着不可替代的作用。

　　目前，已有多种半导体材料被用于制造紫外探测器，其中宽带隙半导体材料备受关注。然而，要实现高性能的紫外探测器，仍需解决光生载流子快速复合导致的低量子效率问题。为此，研究者们不断探索新结构以提高紫外探测器的性能。本书重点介绍了基于 TiO_2、Bi_2O_3 和 SnO_2 三种金属氧化物的紫外探测器的制备、表征及其紫外线探测性能研究。全书共分为 9 章：第 1~2 章概述了紫外探测器及 TiO_2、Bi_2O_3

和 SnO_2 三种金属氧化物紫外探测器的发展现状；第 3~5 章介绍了基于 TiO_2 纳米管紫外探测器的制备工艺及其紫外线探测性能；第 6~8 章介绍了基于 Bi_2O_3 的紫外探测器的制备及其紫外线探测性能；第 9 章介绍了基于 SnO_2 的紫外探测器的制备及其紫外线探测性能。本书内容主要源自作者科研工作中的研究成果，以及近年来该领域的典型成果总结。在此，特别感谢哈尔滨工业大学高世勇老师对本书完成给予的大力支持。

随着对高性能紫外探测器需求的不断增长，紫外探测器的研究和应用将受到更广泛的关注和重视。未来，我们期待更多基于新材料、新结构和新技术的紫外探测器问世，为人类社会的可持续发展做出更大贡献。

由于作者水平有限，书中不妥之处，敬请读者批评指正。

作　者

2025 年 3 月

目　　录

1 紫外探测器概述

1.1 引　　言

自从第一次工业革命以来，煤炭、石油等不可再生能源成为工业生产不可或缺的能源，并且在民用生活中，如火力发电、煤炭供暖等都扮演着极其重要的角色。近年来，随着科技的进步和发展，汽车也变成了便民的代步工具。然而，在享受高科技带来便利的同时，人类的种种行为也对环境造成了破坏。众所周知，人类之所以能在地球生存下来，是因为大气层的存在。大气层的存在阻挡了大部分的宇宙射线，尤其是大气层中臭氧浓度极高的臭氧层，有效地阻止了紫外线对地球表面生物的损伤，对地球万物起到了非常重要的保护作用，堪称地球的保护伞。然而在 1984 年，英国科学家第一次在南极上空观测到了臭氧空洞的存在。臭氧空洞出现的重要原因之一就是人类活动排出的污染物，包括氟化物和汽车尾气等。因此，如何有效地对紫外线进行检测成为不可避免的严峻问题。

紫外探测器是用于检测紫外线，将紫外线由光信号转换为电信号进而能够被检测的光电转换装置。紫外探测器也有广泛的应用前景，可以应用在民用领域和军用领域，如化工/生物传感、环境检测、火箭洲际导弹监视及光通信等领域。紫外探测器通常是由禁带宽度合适的无机半导体或有机半导体组成，当有紫外线照射时，半导体可以吸收入射光子，随后在半导体内产生光生电子-空穴对，一旦光生载流子分离后并转移，即可在外电路中产生电流，进而作为电信号被检测到。

1.2　紫外探测器的分类及原理

半导体紫外探测器可以分为两大类，即光电导型紫外探测器与光伏型紫外探测器。其中光伏型紫外探测器还可以分为肖特基型紫外探测器、p-n 结型紫外探测器、金属-半导体-金属（MSM）型紫外探测器及光电化学型紫外探测器[1]。

1.2.1　光电导型紫外探测器

光电导型紫外探测器实际上是一种辐射敏感电阻器，是器件结构中最古老和最简单的一种紫外探测器，它遵循着电阻器的基本特性。通常情况下，在半导体薄膜上镀上一对欧姆接触，当入射光子的能量大于半导体材料本身的带隙能量时，将产生电流值，电信号的强度取决于所施加偏压的大小及电极之间的距离，结构示意图如图 1-1 所示。如果入射光可以完全吸收，则其光电导增益可以表示为：

$$G = (\mu_n + \mu_p)\tau E/L = \tau/(t_n + t_p) \tag{1-1}$$

式中，μ_n、μ_p 分别为电子和空穴的迁移率；E 为电场强度；L 为电极之间的距离；t_n、t_p 为电子和空穴从一个电极传输到另一个电极所需要的时间。

此时由公式可以得出结论，增加载流子寿命和减小电极之间的距离，均可有效增强器件的性能。其电导率可通过式（1-2）求得。光电导紫外探测器的面积 $A = wl$，厚度为 t，在通常情况下，其样品的电阻远远大于接触电阻，因此描述平衡状态下光电导率的表达式可以写为：

$$I_{ph} = q\eta A \Phi_s g \tag{1-2}$$

式中，I_{ph} 为短路电流；Φ_s 为光子通量密度。

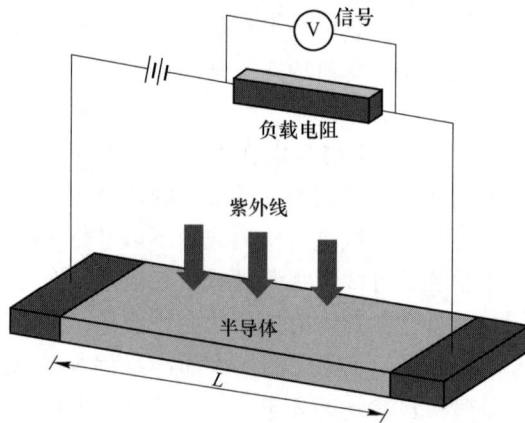

图 1-1   光电导型紫外探测器[1]

1.2.2   肖特基紫外探测器

肖特基型紫外探测器和 p-n 结型紫外探测器均是基于光生伏特效应工作的一种紫外探测器，在其内置电场中，吸收光子产生的光生电子-空穴会在内建电场的辅助下分离，并且激子沿着相反的方向进行移动，因此此种紫外探测器在无偏压下可以展现出自供能特性。通常情况下，肖特基型紫外探测器属于多载流子器件，对于理想情况下的肖特基-莫特模型来说，由于半导体和金属的功函数存在差异，因此可以展现出不同的整流特性，如图 1-2 所示。

对于 n 型半导体而言，如果金属的功函数（Φ_m）大于半导体的功函数（Φ_s），则在肖特基接触处形成的势垒高度（Φ_{bn}）可以通过式（1-3）求得：

$$\Phi_{bn} = \Phi_m - \chi_s \tag{1-3}$$

式中，χ_s 为半导体亲和力。

此外还可以通过优化肖特基接触质量，提高肖特基型紫外探测器性能。改善薄膜质量、表面钝化等均是较为有效的方法和手段。

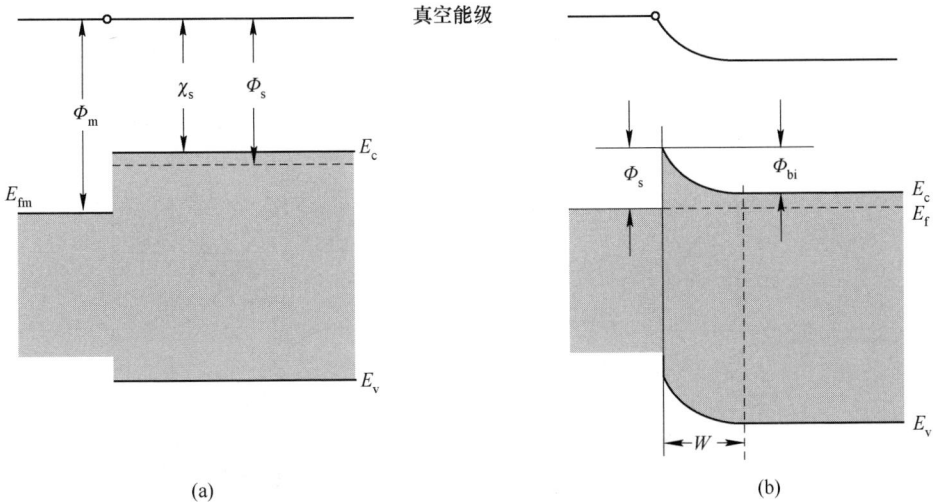

图 1-2　金属和 n 型半导体接触能带图[1]

（a）接触前；（b）接触后

1.2.3　p-n 结型紫外探测器

p-n 结型紫外探测器是基于载流子传输理论制备的一种重要的紫外器件，由 p 型掺杂和与之接触的 n 型掺杂半导体组成。由于两种半导体之间的电子-空穴的扩散和复合及载流子的耗尽，将会在空间电荷区产生内置电场[2]，如图 1-3 所示。当有紫外线照射到器件表面时，由于空间电荷区域中产生的电子-空穴被分离转移，因此在电路中产生光响应电流。其载流子传输方程为[1]：

$$J_0 = J_{0pn}\left[\exp\left(\frac{qV}{nkT}\right) \right] \tag{1-4}$$

式中，q 为单位电荷所带的电荷量；V 为施加偏压的大小；n 为理想因子；k 为玻耳兹曼常量；T 为绝对温度；J_{0pn} 为反向饱和电流。

与肖特基紫外探测器相比，p-n 结型紫外探测器在 p-n 结处载流子较少，因此在 p-n 结处可以展现出独特的特性，例如制备工艺简单、反向恢复时间短及响应速度快等。p-n 结紫外探测器与肖特基型紫外探测器类似，也可以在无偏压下工作。如果施加反向电压，由于空间电荷区会变长，紫外探测器的响应速度和响应度也会加快。当少数载流子发生微小变化时，电流也会发生明显变化。因此 p-n 结型紫外探测器比肖特基紫外探测器对紫外线更加敏感，但缺点是受载流子扩散速度的限制，响应速度较慢。

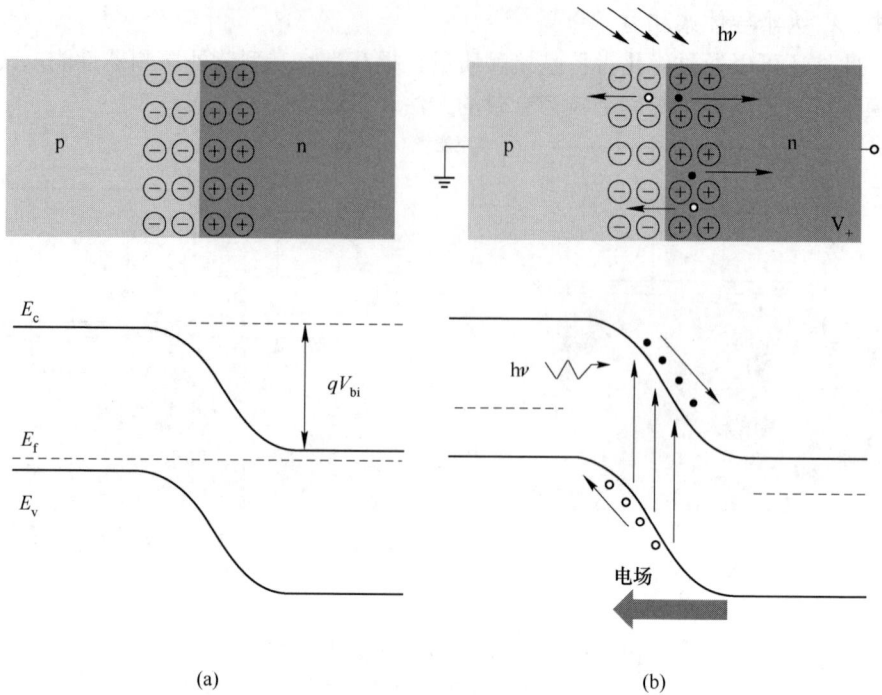

图 1-3　p-n 结型紫外探测器的内建电场以及能带分布图[2]

（a）光照前；（b）光照后

1.2.4　MSM 型紫外探测器

　　MSM 型紫外探测器由一对金属触点夹着半导体材料组成，通常是肖特基接触或欧姆接触。当其以欧姆接触时，此时的紫外探测器表现出与光电导紫外探测器相似的性质，其欧姆值取决于入射光强度。结构示意图如图 1-4 所示。

　　当加持外加电压时，器件具有极高的响应值。如果是以肖特基接触，则在肖特基金属化下存在耗尽区，这有利于收集载流子，同时肖特基接触不仅可以在无偏压下工作，当加持外加电压时，还可以增加耗尽区的长度，进而得到更高的响应速度和响应度。在 MSM 型紫外探测器工作时，将其中一个肖特基触点置于反向偏压下，而另一个给予正向偏压。MSM 型紫外探测器具有以下优点[4]：

　　（1）可以在高频电路中使用，可以避免金属电极对紫外线的吸收。

　　（2）平面结构具有独特的优点，并且可以在器件内部发现增益效果。

1.2.5　光电化学型紫外探测器

　　目前诸多的紫外探测器正在工作时均需要外加一个负载电源，配合紫外探测器一起工作，或者通过施加额外的偏压获得更加优秀的探测性能。但是在诸多领

图 1-4　MSM 型紫外探测器结构示意图[3]

域中，往往无法为其提供有效的电源，例如环境检测及空间研究等，同时外带的负载电源使得器件臃肿，不利于实际应用。为了解决这个问题，基于光生伏特效应的光电化学型紫外探测器被提出了，其与太阳能电池的原理基本一致，只是没有燃料，即使在紫外线的照射下，吸收光子能量产生光生电子-空穴，利用光生伏特效应，使得光生电子-空穴在界面处形成的内建电场下自动向不同方向迁移，因此即使在无偏压下也可以有电流产生，同时器件内部电解液不断循环，促进光生载流子的转移，器件得以不停地工作。由于这种不需要外加电压就可以工作的特性，光电化学型紫外探测器也被称为自供能紫外探测器，其能带结构示意图如图 1-5 所示。

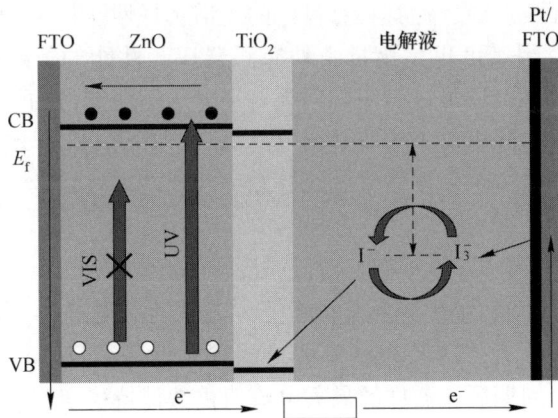

图 1-5　光电化学型紫外探测器的能带结构示意图[5]

　　光电化学型紫外探测器由于能耗低、灵敏度高、响应速度快、独立性强等优点，在近些年成为热点，诸多学者对其进行了研究。

1.3　紫外探测器的性能指标

　　（1）响应度。把光电流和入射功率的比值定义为响应度，可以用来表征光信号的效率，其与紫外探测器的外量子效率（EQE）成比例，其意义是光子被吸收进而产生光生电子-空穴的转化率，其可用下列公式表示：

$$R = EQE \times lq/(hc) \tag{1-5}$$

式中，l 为入射波长；q 为电子电荷量的绝对值；h 为普朗克常量；c 为光速；hc 为常数。

　　（2）线性动态范围。线性动态范围描述了在某光强范围内，紫外探测器的光电流与光强均可呈现线性关系。如果其线性动态范围越大，则紫外探测器在实际应用中可以检测更弱的紫外线及更强的紫外线。

　　（3）响应速度。紫外探测器对紫外线响应的快慢被定义为响应速度。通常情况下，从初始的静默状态，一直上升到最大电流值的 63%（或 90%），这一段时间被称为上升时间，即为 $\tau_{\pm}$[6]。而从最大电流值衰减那一刻开始，到光电流衰减至最大电流值的 37%（或 10%）为止，这一段时间被称为下降时间，即为 $\tau_{\text{下}}$[7]。实际上，响应速度的快慢取决以下因素：

　　1）载流子穿过耗尽层所需要的传输时间。

　　2）在耗尽区外产生的载流子所需要的耗尽时间。

　　3）探测器本身的负载电阻及电容。

　　（4）光谱选择性。当以光谱选择性作为衡量器件的性能指标之一，通常选用直接带隙半导体材料制备紫外探测器。当紫外探测器只对紫外线区有响应，而几乎对可见光区无响应时，称其具有良好的光谱选择性。

　　（5）灵敏度。灵敏度也是衡量紫外探测器探测性能的重要指标，其不仅可以反映光电转化效率，还可以表明光阳极对于电子运输能力的强弱。紫外探测器的灵敏度通常定义为光电流 I_{p} 与暗电流 I_{d} 的差值与暗电流 I_{d} 绝对值的比值，而且由于光电流和暗电流分别是在紫外线开和关的状态下获得的，因此灵敏度也被称作为开关比，其公式为：

$$S = (I_{p} - I_{d})/|I_{d}| \times 100\% \tag{1-6}$$

　　（6）稳定性。器件的稳定性是器件长久工作的必要条件。器件在多个周期循环过后，其最大电流密度及光电流曲线的重复性是衡量器件稳定性的重要指标。如果经过多个周期后，器件的最大电流值仍然保持稳定，并且多个周期后的光电流曲线形状基本一致，则称器件具有良好的稳定性。

1.4　光电化学型紫外探测器的组成

光电化学型紫外探测器主要由三部分组成，分别为：对电极、电解质及光阳极。

1.4.1　光电化学型紫外探测器的对电极

通常来说，光电化学型紫外探测器的对电极在器件中主要起两个作用：一是反射入射的光线，增强光线的利用率；二是作为催化剂，促进对电极附近电子与电解质之间的反应。由于光化学型紫外探测器与太阳能电池结构差异性较小，因此可以用在太阳能电池中的对电极作为紫外探测器的对电极。近些年来，多种对电极被提出，如铂电极、硫化物、石墨烯电极、碳化物、硒化物、氮化物等。

目前，Pt 是传统的金属对电极之一。这是因为大多数的光电化学型紫外探测器采用 I^-/I_3^- 电解质体系，而 Pt 电极可以对器件内部电解质与电子的反应起到良好的催化作用。同时，Pt 电极对光线具有良好的反射作用，可以提高光的利用率。此外，由于制备 Pt 电极的过程中有乳化剂，可以形成蜂窝状的 Pt 电极，可以增大与电解液的接触面积，进而提高器件性能。

硫化物电极种类多样。如 Li 等[8]提出用 TiS$_2$ 作为对电极，并且得到了性能优异的器件。其将 TiS$_2$/PEDOT 复合材料作为对电极，该对电极具有较高的导电性和催化电解质的优秀催化能力，均匀性良好，并且具有较大的比表面积，有利于提高和电解液的接触面积。Licklederer 等[9]也制备了 TiS$_2$ 作为对电极，方法为使用 H$_2$S 硫化 TiO$_2$ 纳米管，随着硫化程度的不同，其催化效率也不同，当完全转变为 TiS$_2$ 时，催化效率与铂电极相当。另一种常见的硫化物对电极是 MoS$_2$，Vijaya 等[10]制备的 MoS$_2$ 制备成本低，催化效率高，可以进一步改善器件性能。

石墨烯电极也是当下的研究重点之一。通常是由石墨烯与其他材料复合作为对电极。Givlou 等[11]报道了掺入 Cu 和 Co 的氧化石墨烯，其首先用强氧化剂将石墨烯氧化成氧化石墨烯，并使用活性剂如 PSS 等对其进行表面活化，并进一步用 Cu 或者 Co 对其进行修饰，得到 Cu 和 Co 掺杂的氧化石墨烯电极。此类电极可以显著提高光转换效率，具有较高的催化活性。Meng 等[12]将硫化物与石墨烯结合在一起，制备了石墨烯与二硫化钛纳米片组合的复合材料对电极。这种复合材料对电极由于复合结构石墨烯与二硫化钛纳米片的协同作用，表现出优秀的稳定性，并且具有优异的电催化活性。

1.4.2　光电化学型紫外探测器的电解质

在光电化学型紫外探测器中，电解质是不可或缺的主要组成部分。电解质的成分决定了器件的性能，选择合适的电解质也是获得性能优秀的紫外探测器的关键因素。目前研究的光电化学型紫外探测器电解质大多是电解液中存在氧化还原对，主要可以分为三大类：碘基电解质、多硫电解质和水。

水是生活中最常见的物质之一，价格低廉，获取方便，如果能将水作为电解质应用起来，将为光电化学型紫外探测器的实际应用起到推进作用。因此诸多学者将水作为电解质进行研究。Lin 等[13]将水作为电解质，制备了 ZnS/ZnO 光电化学型紫外探测器。实验结果显示，器件仍然具备快速的响应时间，可以实现自供能，并在无外加偏压的条件下工作。但同时注意到，该紫外探测器的光电流密度仅为 3 $\mu A/cm^2$。Xie 等[14]同样以水为电解质，制备了 TiO_2 纳米棒光电化学型紫外探测器，器件响应速度快，具有自供能特性，但是光电流密度仍然是限制器件性能的主要问题，仅为 5 $\mu A/cm^2$。因此水电解质虽然具有较多明显的优点，但是其光电流密度较弱，不容易被检测，是下一步需要解决的主要问题。

碘基电解质是使用最多的一种电解质，因为碘基电解质中含有 I^- 与 I_3^- 氧化还原对，可以与电子与空穴反应，这可以促进电子与空穴的转移，进而提升紫外探测器性能。如 Li 等[15]在制备光电化学型紫外探测器时，就是用了碘基电解质，得到的紫外探测器响应速度快、响应度高、性能较高。Nonomura 等[16]将碘基电解质应用在太阳能电池中，太阳能电池转化效率显著。Yeh 等[17]在 CdS 量子点修饰的太阳能电池中，为了避免 CdS 量子点与碘基电解质反应，使用多硫电解质代替了碘基电解质，得到了转化效率较高的太阳能电池。覃兆童[18]在制备光电化学型紫外探测器时，也采用相同的办法，用硫基电解质代替碘基电解质，避免量子点的腐蚀。

1.4.3　光电化学型紫外探测器的光阳极

光电化学自供能型紫外探测器中紫外线信号的探测及将光信号转化为电信号都是通过光阳极进行的，因此光阳极材料对探测器的性能几乎起着决定性的作用。光阳极中半导体材料的禁带宽度、结晶质量、表面形貌、纯度等都会对探测器的性能有影响，因此选择合适的半导体材料并不断提高其质量是提升探测器性能最有效的途径。目前常见的光阳极材料有 ZnO、TiO_2、ZnS、SnO_2 和 Bi_2O_3 等。

在诸多探测器的光阳极材料中，TiO_2 由于具有高的表面积体积比、高的光转化效率、强的光稳定性及合适的禁带宽度（3.2 eV）吸引了诸多学者的目光。而 TiO_2 的纳米结构，尤其是锐钛矿相，具有优异的光电性能，例如无毒害、制备成本低及较高的折射率（$\mu = 2.4$，$\lambda = 1550$ m）等。这些优秀的性能使其更容易满足各个领域要求，目前 TiO_2 纳米材料已经被广泛应用于光电子、太阳能电池、制氢和光催化等领域。

Bi_2O_3 具备高折射率、良好的光电导性、非线性光学特性，有望成为高性能的紫外探测器候选材料。但单一材料所制备的自供能型紫外探测器的光生电子-空穴对十分容易复合，因此可使 Bi_2O_3 和其他半导体材料复合形成具有 II 型能带结构的异质结构，从而降低载流子的复合率。ZnO 和 Bi_2O_3 形成的异质结具有 II 型能带结构，能有效抑制光生电子-空穴对的复合，同时 ZnO 只对紫外线有响应，避免其他波段光线干扰的同时又能增加紫外光的吸收，是一种很好的结合材料。

SnO_2 是热力学稳定的半导体材料，通常以金红石相结晶，作为一种常用的紫外探测器光阳极材料，其禁带宽度为 3.6 eV，激子束缚能较大，可达 180 meV。与其他金属氧化物相比，其光学透明度较高，同时化学性质稳定，因此可以用来制备紫外探测器。

参 考 文 献

[1] Chen X, Ren F, Gu S, et al. Review of gallium-oxide-based solar-blind ultraviolet photodetectors [J]. Photonics Research, 2019, 7 (4): 381-451.

[2] Ryu Y R, Lee T S, White H W. Properties of arsenic-doped p-type ZnO grown by hybrid beam deposition [J]. Applied Physics Letters, 2003, 83 (1): 87-89.

[3] Xie C, Lu X T, Tong X W, et al. Recent progress in solar-blind deep-ultraviolet photodetectors based on inorganic ultrawide bandgap semiconductors [J]. Advance Functional Materials, 2019, 29 (9): 1806006.

[4] Allen M W, Alkaisi M M, Durbin S M. Metal schottky diodes on Zn-polar and O-polar bulk ZnO [J]. Applied Physics Letters, 2006, 89 (10): 103520.

[5] Gao C T, Li X D, Wang Y Q, et al. Titanium dioxide coated zinc oxide nanostrawberry aggregates for dye-sensitized solar cell and self-powered UV-photodetector [J]. Journal of Power Sources, 2013, 239: 458-465.

[6] Zhou Z Y, Chen L L, Wang Y Q, et al. An overview on emerging photoelectrochemical self-powered ultraviolet photodetectors [J]. Nanoscale, 2016, 8 (1): 50-73.

[7] Huang Y W, Yu Q J, Wang J Z, et al. A high-performance self-powered UV photodetector based on SnO_2 mesoporous spheres@ TiO$_2$ [J]. Electronic Materials Letters, 2015, 11 (6): 1059-1065.

[8] Li C T, Lee C P, Li Y Y, et al. A composite film of TiS$_2$/PEDOT: PSS as the electrocatalyst for the counter electrode in dye-sensitized solar cells [J]. Journal of Materials Chemistry A, 2013, 1 (47): 14888.

[9] Lickloderer M, Cha G, Hahn R, et al. Ordered nanotubular titanium disulfide (TiS$_2$) structures: synthesis and use as counter electrodes in dye sensitized solar cells (DSSCs) [J]. Journal of the Electrochemical Society, 2019, 166 (5): 3009-3013.

[10] Vijaya S, Landi G, Wu J J, et al. MoS$_2$ nanosheets based counter electrodes: An alternative for Pt-free dye-sensitized solar cells [J]. Electrochimica Acta, 2019, 294, 134-141.

[11] Givlou L, Tsichlis D, Zhang F, et al. Transition metal-graphene oxide nanohybrid materials as counter electrodes for high efficiency quantum dot solar cells [J]. Catalysis Today, 2019, 3

（35）：1-10.

［12］ Meng X, Yu C, Lu B, et al. Dual integration system endowing two-dimensional titanium disulfide with enhanced triiodide reduction performance in dye-sensitized solar cells ［J］. Nano Energy, 2016, 22：59-69.

［13］ Lin H L, Wei L, Wu C C, et al. High-performance self-powered photodetectors based on ZnO/ZnS core-shell nanorod arrays ［J］. Nanoscale Research Letters, 2016, 11 (1)：420-423.

［14］ Xie Y R, Wei L, Wei G D, et al. A self-powered UV photodetector based on TiO_2 nanorod arrays ［J］. Nanoscale Research Letters, 2013, 8 (1)：188-192.

［15］ Li X D, Gao C T, Duan H G, et al. High-performance photoelectrochemical-type self-powered UV photodetector using epitaxial TiO_2/SnO_2 branched heterojunction nanostructure ［J］. Small, 2013, 9 (11)：2005-2011.

［16］ Nonomura K, Vlachopoulos N, Unger E, et al. Blocking the charge recombination with diiodide radicals by TiO_2 compact layer in dye-sensitized solar cells ［J］. Journal of the Electrochemical Society, 2019, 166 (9)：3203-3208.

［17］ Yeh M H, Lee C P, Chou C Y, et al. Conducting polymer-based counter electrode for a quantum-dot-sensitized solar cell (QDSSC) with a polysulfide electrolyte ［J］. Electrochimica Acta, 2011, 57：277-284.

［18］ 覃兆童. 基于 CdS 量子点敏化 TiO_2 介孔球光阳极的光电化学光电探测器的研究 ［D］. 哈尔滨：哈尔滨工业大学, 2018：8-13.

2 TiO_2、Bi_2O_3 及 SnO_2 基紫外探测器的研究进展

2.1 引　言

近年来，紫外探测器广泛应用于导弹制导、雷达监测、火灾传感、环境监测等领域。但常见的光电倍增管、肖特基型等紫外探测器均需外加偏压，且具有能耗高、体积大、器件制作工艺复杂等缺点。而基于半导体材料的自供能型紫外探测器无需外加偏压、能耗低、便携度高、器件制备工艺简单，具有广阔的应用前景。作为新型光伏紫外光电探测器之一，光电化学型紫外探测器在环境监测、火焰探测、化学分析和导弹检测等方面备受关注。除了具有高光敏性和快速光响应外，光电化学型紫外探测器还可以在无外加偏压的情况下实现探测工作，这意味着光电化学型紫外探测器不需要外加能源。在过去的这些年中，各种宽带隙半导体，如 TiO_2、Bi_2O_3 和 SnO_2 等已经在光电化学型紫外探测器中得到了广泛的研究，基于上述材料的光电化学紫外探测器取得了显著成果。本章对三种材料的基本特性及紫外探测器研究进展进行介绍。

2.2　TiO_2 基紫外探测器的研究进展

2.2.1　TiO_2 的基本性质

TiO_2 具有较多晶体结构，主要可分为四种晶体结构，分别是：锐钛矿晶型、金红石晶型、板钛矿晶型和 b-TiO_2 晶型。其中四方晶系包括锐钛矿晶型和金红石晶型，而板钛矿晶型属于斜方晶系，b-TiO_2 属于单斜晶系。其晶型如图 2-1 所示。

在 TiO_2 四种晶体结构中，锐钛矿晶型、金红石晶型和板钛矿晶型均是自然界中自然存在的。锐钛矿晶型、金红石晶型和 b-TiO_2 晶型可以容易地在实验室中制备得到，而板钛矿晶型则难以在实验室中合成。其中，金红石晶型被认为是最稳定的[2]。虽然锐钛矿晶型被认为处于亚稳态，但其仍然是 TiO_2 纳米结构中最稳定的晶型之一[3]。在空气中加热至 600 ℃ 时，锐钛矿相将向金红石相发生转变，并且不可逆转。

● Ti
● O

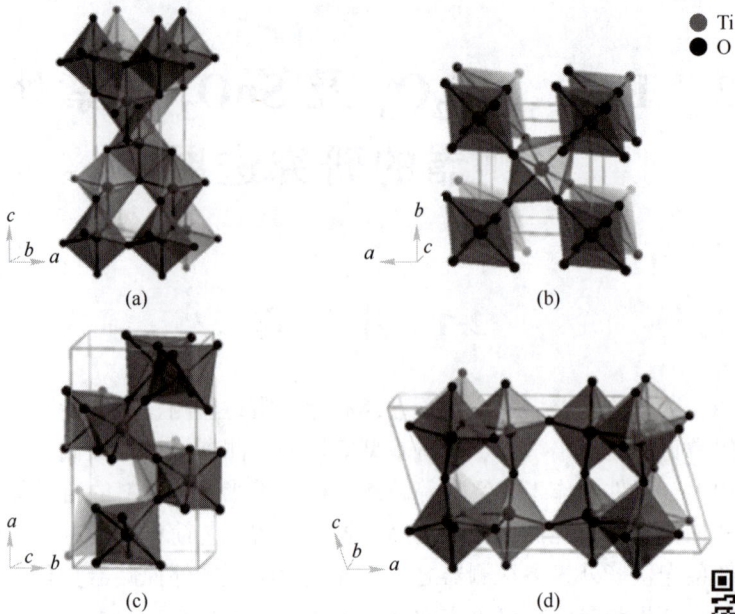

图 2-1　TiO$_2$ 的晶体结构[1]

（a）锐钛矿相；（b）金红石相；（c）板钛矿；（d）b-TiO$_2$

图 2-1 彩图

2.2.2　TiO$_2$ 的制备方法及形貌调控

由于紫外探测器的性能与结构维数有很大关系，适合的光阳极形貌可以显著提高光电化学紫外探测器的性能。因此已经有许多种不同的 TiO$_2$ 纳米结构被用于紫外探测器，如 TiO$_2$ 纳米线、TiO$_2$ 纳米棒、TiO$_2$ 纳米管及 TiO$_2$ 纳米微球等。

TiO$_2$ 纳米微球也被称为零维纳米材料，是常见的一种纳米结构。由于其粒径较小，因此经常具有较高的比表面积和孔隙率，可以增强与电解液的接触面积，还可以增强光捕捉能力。常用的制备方法是以聚合物乳胶、碳等作为模板，合成微球后，去除模板。近年来也有学者提出利用柯肯德尔效应，无须采用模板即可制得多孔纳米微球。但存在的问题是没有高效的电子传输通道。图 2-2 为 TiO$_2$ 纳米微球的微观形貌。

作为典型的一维纳米材料，相较于零维材料，TiO$_2$ 纳米棒/线具有优异的电子传输能力。Wang 等[5]以 TiO$_2$ 纳米棒为光阳极制备了紫外探测器，其光电流密度比 TiO$_2$ 纳米晶紫外探测器提高了 48%，其形貌图如图 2-3 所示。

一维的纳米阵列可以作为电子传输的直接通道，同时还具备出色的光散射能力，这些特性使得一维纳米阵列可以作为器件的优选材料。由于阵列结构简单，分布均匀密度较高，可以直接合成，而不需要其他复杂的工艺流程。

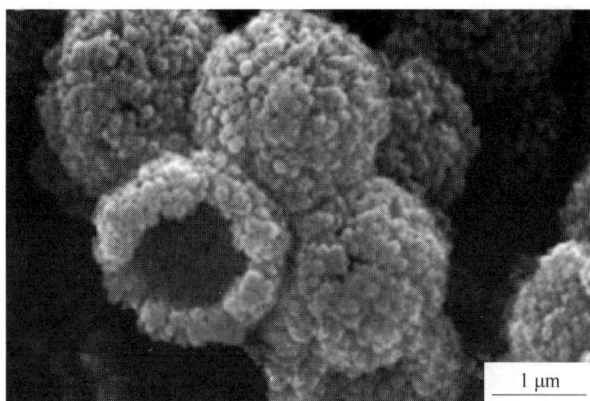

图 2-2　TiO$_2$ 纳米微球的微观形貌[4]

图 2-3　TiO$_2$ 纳米棒的微观形貌[5]

纳米片是纳米尺寸的片状材料，也被称为二维材料，其表面平坦，厚度较薄，横截面尺寸可以达到几十个微米。TiO$_2$ 纳米片可以通过 TiO$_2$ 粉末及钛酸盐的碱性溶液得到，再通过热处理煅烧，得到 TiO$_2$ 纳米片。由于 TiO$_2$ 各个晶面的反应能力不同，因此对于 TiO$_2$ 纳米片而言，暴露的晶面决定了 TiO$_2$ 纳米片的性能。Etgar 等[6]制备了 TiO$_2$ 纳米片用于制备太阳能电池，其 TEM 照片如图 2-4所示。

Naeimeh 等[7]制备了基于 TiO$_2$ 纳米管的太阳能电池，由于纳米管结构对光的高利用率，得到了高转化率的太阳能电池，形貌图如图 2-5 所示。

TiO$_2$ 纳米管是一维纳米材料的一种，与 TiO$_2$ 纳米棒/线相比较而言，不仅具有一维纳米阵列优秀的特性，快速电子的传输扩散和电荷转移能力，还具有较高的比表面积，有利于提高光的捕捉效率，因此受到了广泛关注。

图 2-4　TiO$_2$ 纳米片的 TEM 照片[6]

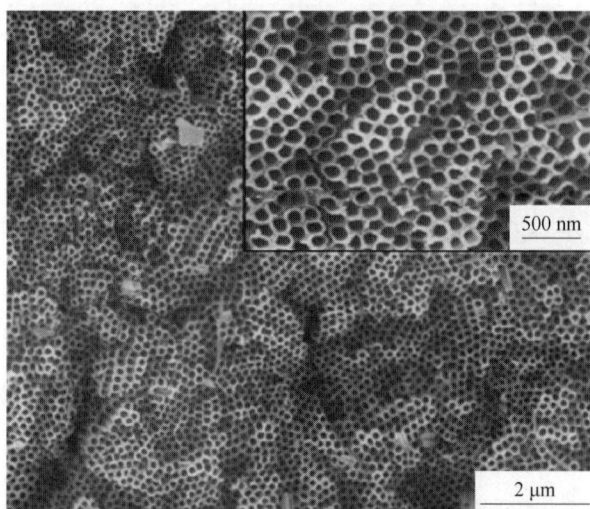

图 2-5　TiO$_2$ 纳米管的微观形貌[7]

　　由于 TiO$_2$ 与 FTO 衬底之间晶格不匹配，因此如果想要在 FTO 衬底表面生长 TiO$_2$，需要在 FTO 表面镀上一层种子层，避免可能出现的晶格失配。Jeganathan 等[8]采用水热法制备了 TiO$_2$ 纳米棒。也有人采用乙醇酸钛醇制备 TiO$_2$，此种制备方法主要有两大优点：一是乙醇酸钛前驱体的制备非常简单，可以通过钛醇盐和乙二醇反应得到，并且在此反应中得到的化学废物，如丙酮等可以轻易地通过蒸馏法分离，在接下来的过程中重复使用；二是由于乙醇酸钛可以和其他化学药品直接发生反应，没有引入新的杂质。众所周知，乙二醇具有两个羟基，并且乙二醇可以和金属醇盐发生反应，生成对应的乙醇酸盐。钛醇盐如果暴露在空气中，会立刻产生白色沉淀。如果将钛醇盐和乙二醇混合在一起，乙二醇可以较大程度上抑制钛醇盐的水解，还可以与钛离子形成配位，进而形成乙醇酸钛前驱体。2004 年，Jiang 等[9]将钛醇盐与乙二醇混合，并且在 170 ℃下高温加热，最终得到了乙醇酸钛纳米线。

溶胶-凝胶法是由前体的水解反应和聚合反应形成溶胶或者胶体悬浊液。一般来说，前体通常是无机金属盐或者金属有机化合物。溶胶-凝胶法常被用来制备多孔结构的 TiO$_2$，即将 TiO$_2$ 前体与表面活性剂在溶剂中混合，在溶剂中经过催化剂的催化，可以得到 TiO$_2$ 的胶体溶液，进而得到多孔的 TiO$_2$ 纳米结构。

微波法也是常用来制备多孔 TiO$_2$ 纳米结构的一种手段，主要是通过高频电磁波处理样品。在有表面活性剂如十四烷基胺存在时，使用微波法可以得到各种多孔的 TiO$_2$ 纳米结构。Wang 等[10]通过改进的 TTIP 溶胶法，在微波的作用下，制得了尺寸为 100~300 nm，孔径为 3~5 nm 的虫洞状介孔 TiO$_2$ 纳米粉末。

液相沉积法通常用来合成 TiO$_2$ 纳米管。一般需要借助纳米棒或者纳米线作为模板，通过液相沉积法在模板外沉积 TiO$_2$ 纳米层，最后再去除模板，可以得到 TiO$_2$ 纳米管。如 Li 等[11]以 ZnO 纳米棒作为模板，通过在外面包覆 TiO$_2$ 层，去除模板后，得到了管状的 TiO$_2$ 纳米结构。更为重要的是与其他制备方法相比，液相沉积法在室温即可制备 TiO$_2$ 纳米管，不需要消耗额外能源，有利于节能环保，具有广泛的应用前景。

2.2.3 基于 TiO$_2$ 纳米管紫外探测器研究现状

Li 等[12]制备了纳米晶光电化学型紫外探测器，器件响应速度较快，上升时间下降时间可达 0.08 s 和 0.03 s。Xie 等[13]制备了基于 TiO$_2$ 纳米棒的光电化学型紫外探测器，其显示出较高的光电流密度，为 0.1 μA/cm^2，上升下降时间分别为 0.12 s 和 0.06 s。接着 Xie 等[14]又制备了 TiO$_2$ 纳米分支阵列的紫外探测器，由于枝化结构，TiO$_2$ 纳米分支阵具有更高的比表面积，光电流密度提升至 400 μA/cm^2，上升下降时间为 0.15 s 和 0.05 s。Hou 等[15]为了解决单一材料的快速载流子复合的问题，基于 TiO$_2$/SnO$_2$ 异质结构制备了光电化学型紫外探测器，与单一的半导体材料相比，性能显著提高。

2.3 Bi$_2$O$_3$ 基紫外探测器的研究进展

2.3.1 Bi$_2$O$_3$ 的基本性质

同为宽禁带半导体材料的 Bi$_2$O$_3$ 具有和 GaN、ZnO、TiO$_2$ 相似的性质，除此之外，Bi$_2$O$_3$ 所具备的高折射率、良好的光电导性、非线性光学特性使其有望成为高性能的紫外探测器候选材料。

Bi₂O₃ 是 Bi 元素的常见氧化物之一，通常情况下呈淡黄色，加热时会变为褐红色，无明显气味，拥有较高的沸点（1890 ℃）和熔点（824 ℃），密度与晶型有关，为 8.2~8.9 g/cm³，在空气中稳定存在，溶于硝酸和盐酸，但不溶于水和碱。

Bi₂O₃ 含有多种晶型，常见晶型有 α-Bi₂O₃、δ-Bi₂O₃、γ-Bi₂O₃ 和 β-Bi₂O₃ 四种，其中 α 相是 Bi₂O₃ 的室温稳定相，γ、β 为亚稳定相，δ 能在高温稳定存在，可通过控制温度实现四种晶型间的相互转换，具体转换参数详见图 2-6。不同晶型的 Bi₂O₃ 晶体结构各有特点，其中 α-Bi₂O₃ 为单斜相、δ-Bi₂O₃ 为面心立方相、γ-Bi₂O₃ 为体心立方相、β-Bi₂O₃ 为介稳态四方相，如图 2-7 所示。

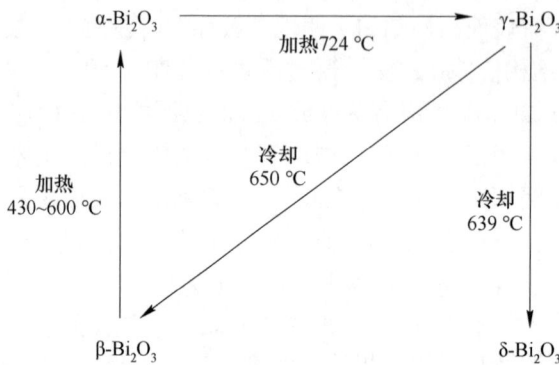

图 2-6　Bi₂O₃ 的晶型转变[16]

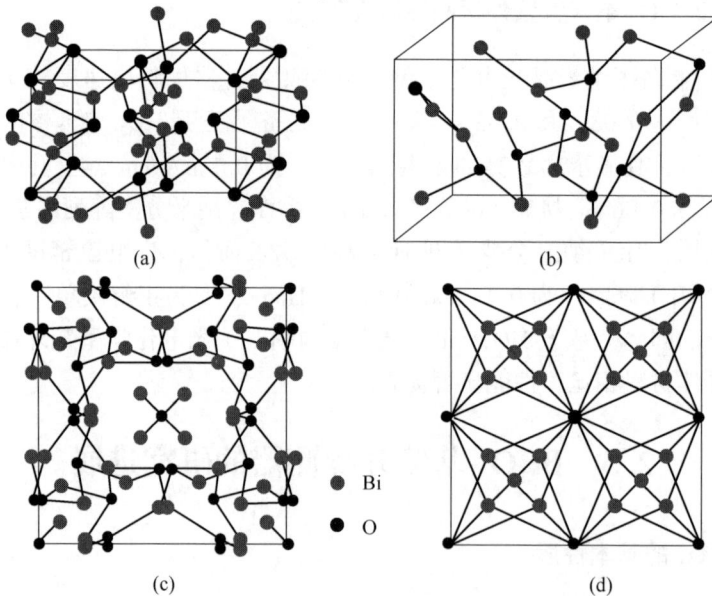

图 2-7　Bi₂O₃ 的晶体结构[16]

(a) α-Bi₂O₃；(b) β-Bi₂O₃；(c) γ-Bi₂O₃；(d) δ-Bi₂O₃

2.3.2 Bi₂O₃ 的制备方法及形貌调控

常见的 Bi_2O_3 粉体制备方法有化学沉淀法、溶胶-凝胶法、微乳液法、水热合成法、室温固相法、喷雾燃烧法、等离子体法等。其中大规模工业化生产 Bi_2O_3 的方法是步骤简单、工艺容易操作控制的化学沉淀法；微乳液法制备的产物具有较好的分散性和界面性；室温固相法设备简单，不需高温，但容易引入杂质，不适合制备高纯度的 Bi_2O_3。喷雾燃烧法和等离子体法制备的产物具有粒径小且均匀、纯度高等特点，但其对设备要求高、能耗高，不适宜规模化生产。

Chen 等[17]以硝酸铋、柠檬酸、丙烯酰胺等为原料通过聚丙烯酰胺溶胶-凝胶法合成了纯度高、均匀性好、平均粒径约为 100 nm 的 Bi_2O_3 纳米颗粒，该方法具有副反应少、反应温度低、生成物尺寸易于调控等优点的同时，对催化剂、表面活性剂的选择要求也较高。

Qiu 等[18]通过光诱导方法合成了 Bi_2O_3 纳米管，合成过程中首先制备非晶态氢氧化铋作为前驱体，然后用 50 mW/cm² 的紫外光照射以去离子水为溶剂的氢氧化铋前驱体溶液 1 h，最后通过离心收集浅黄色产物并用去粒子水清洗，产物微观形貌为大量长度在数百到数千纳米间的纳米管。制备过程中紫外线照射促使非晶态氢氧化铋脱水、缩合生成 Bi_2O_3 纳米管，可通过控制紫外线的照射功率及照射时间调控产物的微观形貌。相较于溶剂热法、模板辅助法等传统制备 Bi_2O_3 纳米管的方法，光诱导法具有工艺简单、合成温度低及反应动力易于控制等优势。

Bi_2O_3 薄膜也有多种制备方法，Switzer 等通过电沉积法在金基底上获得了单晶 Bi_2O_3 薄膜；Metikos Hukovic 研究了铋阳极氧化法制备的 Bi_2O_3 薄膜的 n 型和 p 型行为；Gujar 等[19]用化学浴沉积法制备了单斜 Bi_2O_3 薄膜。Morasch 等[20]用反应磁控溅射法制备了 Bi_2O_3 薄膜，并用 XPS、XRD、光学和阻抗谱对其进行了分析，结果显示，随衬底温度的变化样品可能为非晶态或是 β-Bi_2O_3。Gomez 等[21]对磁控溅射法制备的 Bi_2O_3 薄膜的不同相及其混合相进行了表征，结果表明，功率或衬底温度微小变化时，Bi_2O_3 薄膜的结构会发生很大变化，因此需要对沉积参数进行良好的控制，以确保薄膜性能的再现性。Liou 等采用磁控溅射法在 Si 衬底上制备了大面积的 Bi_2O_3 纳米锥，XRD、TEM、PL 等证实，控制生长温度适当时，会形成 α-Bi_2O_3 和 β-Bi_2O_3 纳米锥，同时 Liou 等研究了纳米锥的生长机制[22]。

2.3.3 基于 Bi₂O₃ 紫外探测器研究现状

Ren 等[23]通过水热法在 ITO 衬底上成功制备了大面积的八面体 Bi_2O_3 纳米块。SEM、XRD 等表征结果表明 Bi_2O_3 纳米块的平均直径约为 2 μm，均匀分布在衬底表面，且纯度高，结晶度好。此外，基于 Bi$_2$O$_3$ 纳米块制备的紫外探测器。能在无偏压的情况下实现紫外光探测，如图 2-8 所示，可以看出，其具有稳定的光电流密度（38.5 μA/cm^2）和较短的响应时间（27 ms），展现了良好的稳定性和循环性[23]。

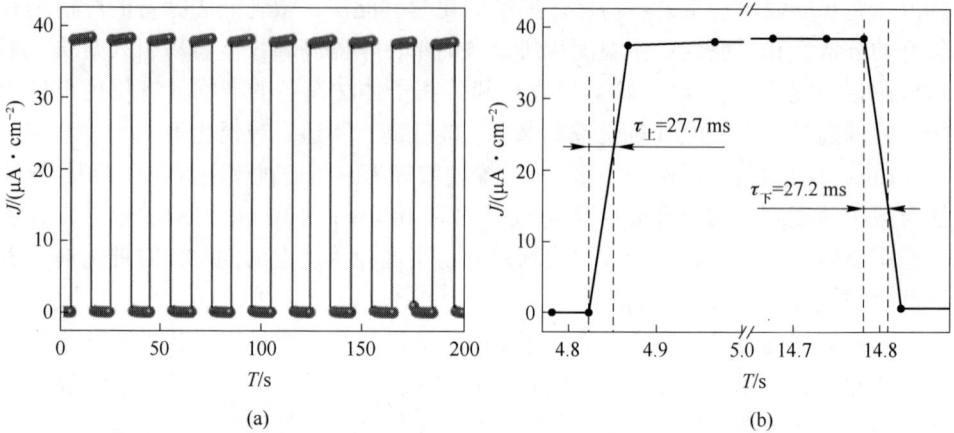

图 2-8　Bi$_2$O$_3$ 纳米块紫外探测器的性能图[23]

（a）光电流响应；（b）响应时间

Yasin 等[24]通过共沉淀法合成了 Bi$_2$O$_3$ 含量分别为 5%、10% 和 15% 的 Bi$_2$O$_3$-ZnO 异质结构。同时采用 XRD、XPS 等先进技术对所制备的异质结构进行了表征。并利用罗丹明 B 和活性黄染料的混合溶液，测试了制备的 ZnO 和 Bi$_2$O$_3$-ZnO 异质结构的光催化性能。如图 2-9 所示，结果表明，Bi$_2$O$_3$ 含量为 5% 的 Bi$_2$O$_3$-ZnO 异质结构性能最优，相对于 ZnO，光催化降解活性提高了 15 倍左右，对罗丹明 B 和活性黄染料的光降解率分别为 93% 和 91%。

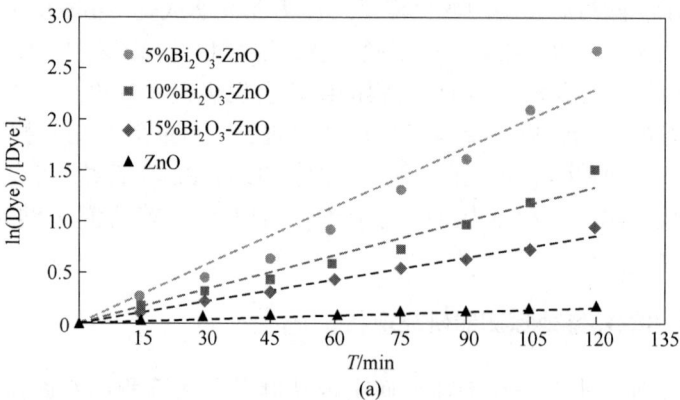

（a）

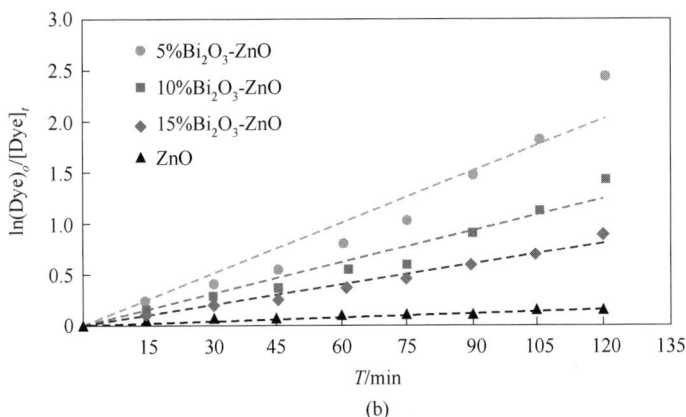

图 2-9　不同 Bi$_2$O$_3$ 比例的 Bi$_2$O$_3$-ZnO 对不同染料的光降解动力学[24]

（a）罗丹明 B；（b）活性黄染料

　　Balachandran 等[25]通过一种简单、经济、无模板的光沉积水热法合成了 Ag-Bi$_2$O$_3$-ZnO 异质结构。在自然光照下 Ag-Bi$_2$O$_3$-ZnO，对酸性红 1（AR 1）、伊文思蓝（EB）等的降解表现远超过了中性 pH 值下的 Bi$_2$O$_3$、Ag-ZnO、Ag-Bi$_2$O$_3$ 和 ZnO 系统，并具有优异的可重复性，其降解机理如图 2-10 所示。

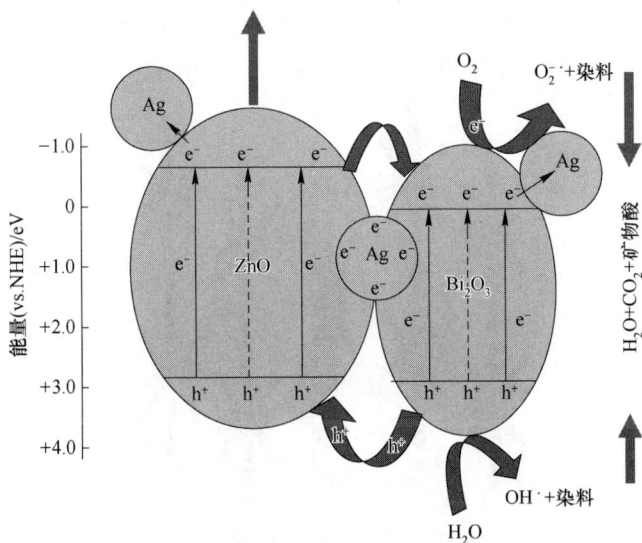

图 2-10　Ag-Bi$_2$O$_3$-ZnO 的降解机理图[25]

　　可以看出，目前关于 Bi$_2$O$_3$ 在紫外探测领域的研究较少，多集中于光催化领域，且有诸多学者通过各种途径合成 Bi$_2$O$_3$-ZnO 异质结构以提升 Bi$_2$O$_3$ 的光催化性能。鉴于 Bi$_2$O$_3$ 禁带宽度较大、电子迁移率高、光电导性优良，可将禁带宽度合适的 Bi₂O₃ 薄膜用于紫外探测领域。并可以通过提高 Bi₂O₃ 薄膜晶体质量，构筑 Bi₂O₃-ZnO 异质结构降低电子-空穴对的复合率，增加光生载流子的浓度，提升紫外探测器的性能。

2.4　SnO₂ 基紫外探测器的研究进展

相比于其他宽带隙半导体材料，SnO₂ 具有极宽的带隙（3.6 eV），能探测到的紫外光波段更广。此外，还具有极好的透明特性、高电导率和优异的化学稳定性，非常适合用作于自供能紫外探测器的光阳极材料。为了避免光生载流子复合的情况出现，与其他材料复合制备成异质结构是很有成效的方法。在考虑制成异质结构同时能促进探测器性能进一步提高的情况下，同为宽禁带半导体的 ZnO 就是很好的选择。ZnO 也能产生光电效应从而探测紫外线信号，并且它的高电子传输能力有利于减少响应时间和提高探测到的光响应电流大小。此外，它的导带和价带均低于 SnO₂，可形成 II 型能带有效地防止光生电子-空穴分离。

2.4.1　SnO₂ 的基本性质

SnO₂ 的熔点为 1630 ℃、沸点为 1800 ℃，在室温下其密度为 6.95 g/mL。常见的 SnO₂ 的晶体结构有四方、六方和斜方晶型，其中在大多数的材料合成报道中，四方晶型中的金红石结构最为多见，如图 2-11 所示。

图 2-11　SnO₂ 四方晶型结构图[26]

2.4.2　SnO₂ 的制备方法及形貌调控

一维纳米材料具有电子传输速率高的特点，一直是纳米材料研究中的重要关注点。Hu 等[27]以锡元素和硝酸铁为原料，在 6×10⁻² Torr 的低压氩气环境中，通过高温氧化的方法将 Sn 氧化得到白色羊毛状的 SnO_2，如图 2-12 所示。他们通过扫描电子显微镜观察发现，采用这样的方法制备得到的 SnO_2 具有一维纳米带状结构。然后又通过 X 射线衍射仪测得该一维纳米带状 SnO_2 的晶型为四方金红石的单晶结构。此外，他们还在室温下测量了 SnO_2 的光致发光光谱，发现其在可见光区域具有很好的光致发光特性。

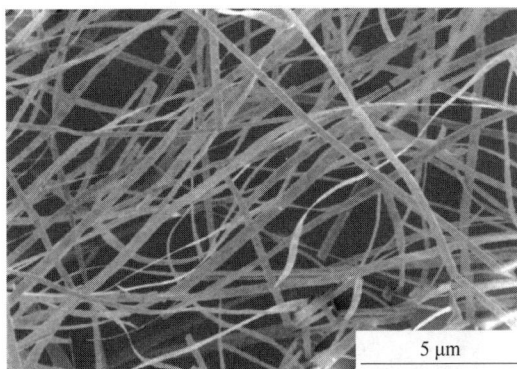

图 2-12 一维纳米带状结构的 SnO_2[27]

二维材料由于晶体取向的不同，有可能产生新的理化性质，也是值得摸索的。Wan 等[28]使用锡酸钠、氢氧化钠、无水乙醇和去离子水为原料，通过高温高压环境用水热法制备得到了 SnO_2 样品。通过观察扫描电子显微镜图像（图 2-13）可以发现该样品具有二维纳米片的结构，并且 X 射线衍射仪表征还表明 SnO_2 二维纳米片的晶体结构为四方金红石晶型。而他们基于这种 SnO_2 二维纳米片结构制备的传感器显示出对乙二醇出色的响应。

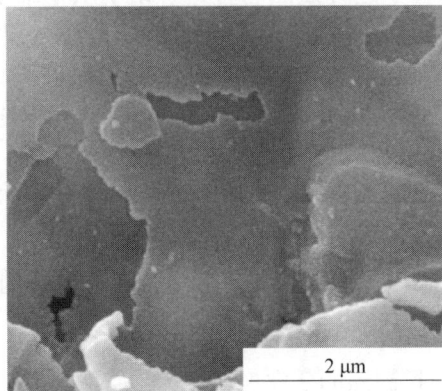

图 2-13 二维纳米片状结构的 SnO_2[28]

　　三维纳米材料由于其特殊而复杂的形貌和可能会导致材料对光的吸收作用增强，也常常是人们关注的重点对象。Wang 等[29]以二水合二氯化锡、乙醇和水为原料，在高温高压条件下通过传统的水热法制备得到 SnO$_2$ 的黄色产物。图 2-14展示了他们制备得到的 SnO$_2$ 在扫描电子显微镜下拍摄到的图像，可以发现这种SnO$_2$ 具有三维花状形貌。他们通过进一步对材料进行 X 射线衍射仪分析发现三维花状 SnO$_2$ 晶型为四方金红石结构。此外，他们还通过对氮气的吸附和解吸的分析发现 SnO$_2$ 具有超大孔体积，即有良好的透气性。

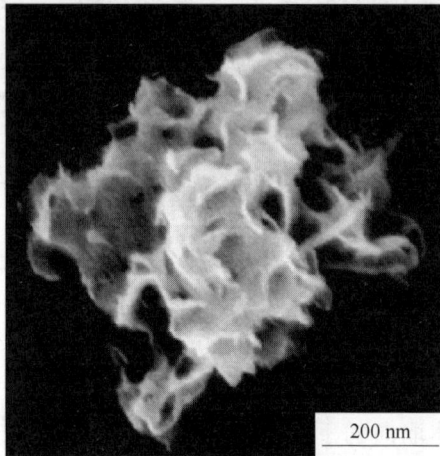

图 2-14　三维花状 SnO$_2$[29]

　　多维材料的组合一方面能够同时利用到不同维度材料的特点，另一方面又有可能由此诞生新的性质，是值得进行尝试的工作。此外，通过与其他宽禁带半导体制备复合材料，同时运用两种材料的优点，能更进一步提升材料的性能。Wang 和 Rogach 两人关注了这方面的内容并总结了从零维至三维的 SnO$_2$ 制备方法，并进一步总结了 SnO$_2$ 的多孔分级纳米结构、空心分层结构、掺杂分层结构的粉体制备和分层在基地上的生长。他们的报道中也指出，通过掺杂氧化物纳米材料对 SnO$_2$ 的形貌及其光学和电学性质能起一定的调控作用。

　　如图 2-15 所示是 Sun 等以氢氧化钠、五水合氯化锡、十六烷基三甲基溴化铵、去离子水、乙醇和六水合硝酸锌为原料，在高温高压环境下，通过水热法制备得到的 Zn 掺杂的 SnO$_2$ 分层结构。他们在实验中还发现，通过调节 Zn^{2+} 的浓度能间接改变分层结构的形貌。此外，他们以分层结构制备的气体传感器还显示出对乙醇的高敏特性[30-31]。

2.4.3　基于 SnO$_2$ 紫外探测器的研究现状

　　Tian 等[32]通过静电纺丝法制备了 ZnO-SnO$_2$ 异质结构材料。具体地，他们以

图 2-15　Zn 掺杂的 SnO₂ 分层结构[30]

六水合硝酸锌、二水合氯化亚锡、N-二甲基甲酰胺、聚乙烯吡咯烷酮为原料制备了前驱溶液，通过外接高压电源的注射器将前驱溶液制备得到了纳米纤维网，然后高温下煅烧得到了透明的 ZnO-SnO₂ 异质结构。他们通过扫描电子显微镜观察发现该透明材料微观结构为直径 100～150 nm 的 ZnO-SnO₂ 纳米纤维异质结构，如图 2-16 所示。随后他们又进行了 X 射线衍射仪和透射电子显微镜分析，发现异质结构中的 ZnO 为纤锌矿晶型，而 SnO₂ 为四方金红石晶型。他们通过 ZnO-SnO₂ 纳米纤维异质结构制造的紫外探测器具有透明和低成本的特性。

图 2-16　ZnO-SnO₂ 纳米纤维异质结构[32]

　　Choi 等[33]以二水合氯化锡、2-甲氧基乙醇、六水合硝酸锌、六亚甲基四胺、聚乙烯亚胺、乙醇和去离子水为原料制备前驱溶液，并以此对 ZnO-SnO₂ 进行固溶处理来制备紫外探测器。如图 2-17 所示为单一 SnO₂ 材料和 ZnO-SnO₂ 的 AFM 图像，可以发现 ZnO-SnO₂ 的粗糙度（图中的 R_{rms} 值）比 SnO₂ 的更大，而大的糙度更有利于氧分子的吸附和解吸。由于空气中的氧分子对紫外探测器的性能有很大的影响，因此固溶处理后 ZnO-SnO$_2$ 在后续的紫外探测器性能测试中显示出更高的光谱响应和更快的响应时间。

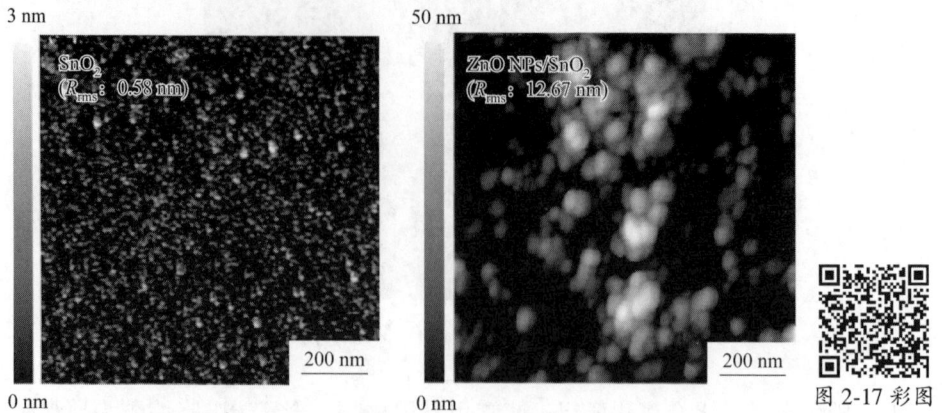

图 2-17　单一 SnO$_2$ 材料和 ZnO-SnO$_2$ 的 AFM 图像[33]

　　Lee 等[34]使用磁控溅射法制备了以 SnO$_2$ 为功能层的 NiO/ZnO/SnO$_2$/ITO 结构的紫外探测器，他们是通过磁控溅射来完成样品制备的。首先，他们用直流磁控溅射上一层 ITO 透明导电层，然后用射频磁控溅射将 SnO$_2$、ZnO、NiO 层依次分别溅射上去。其中 NiO 层是通过反应溅射法生成的。其扫描电子显微镜图像如图 2-18 所示，没有外显的微观形貌。他们通过 X 射线衍射仪分析发现该结构中的 SnO$_2$ 晶体结构为四方晶型。因为选择的都是具有透明特性的材料，他们以这种复合结构制备的紫外探测器具有很高的透明性，并且显示出高电流响应和较快的响应速度。

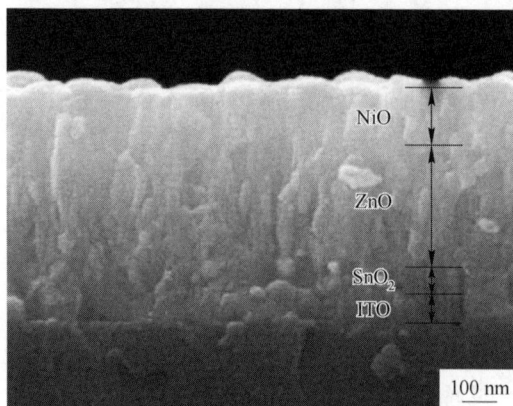

图 2-18　NiO/ZnO/SnO$_2$/ITO 结构[34]

单一材料制备的光电化学型紫外探测器虽然具有快速的响应，但是载流子的快速复合是一个不可忽视的问题。为了解决这个问题也有学者提出将材料与其他复合形成异质结构，因此目前关于光电化学型紫外探测器均集中二元异质结构上。而作为抑制载流子复合提高器件性能的有效手段之一，贵金属修饰方法少有人将其使用在光电化学型紫外探测器方面。同时其他领域提出的三元纳米结构对于紫外探测器也具有较大的借鉴意义。

参 考 文 献

［1］ Sarkar A, Khan G G. The formation and detection techniques of oxygen vacancies in titanium oxide-based nanostructures ［J］. Nanoscale, 2019, 11 (8): 3414-3444.

［2］ Selcuk S, Selloni A. Influence of external electric fields on oxygen vacancies at the anatase (101) surface ［J］. The Journal of Chemical Physics, 2014, 141 (8): 084705.

［3］ Rahimi N, Pax R A, Gray E M. Review of functional titanium oxides. I: TiO_2 and its modifications ［J］. Progress in Solid State Chemistry, 2016, 44 (3): 86-105.

［4］ Ismail A A, Bahnemann D W. Mesoporous titania photocatalysts: preparation, characterization and reaction mechanisms ［J］. Journal of Materials Chemistry, 2011, 21 (32): 11686-11707.

［5］ Wang Y Q, Han W H, Zhao B, et al. Performance optimization of self-powered ultraviolet detectors based on photoelectrochemical reaction by utilizing dendriform titanium dioxide nanowires as photoanode ［J］. Solar Energy Materials and Solar Cells, 2015, 140: 376-381.

［6］ Etgar L, Zhang W, Gabriel S, et al. High efficiency quantum dot heterojunction solar cell using anatase (001) TiO_2 nanosheets ［J］. Advanced Materials, 2012, 24 (16): 2202-2206.

［7］ Naeimeh S P, Shahin K A, Raheleh M, et al. Improved efficiency in front-side illuminated dye sensitized solar cells based on free-standing one-dimensional TiO_2 nanotube array electrodes ［J］. Solar Energy, 2019, 184: 115-126.

［8］ Jeganathan C, Sabari Girisun T C, Vijaya S, et al. Bacteriorhodopsin-sensitized preferentially oriented one-dimensional TiO_2 nanorod polymorphs as efficient photoanodes for high-performance bio-sensitized solar cells ［J］. Applied Nanoscience, 2019, 9: 189-208.

［9］ Jiang X C, Wang Y L, Herricks T, et al. Ethylene glycol-mediated synthesis of metal oxide nanowires ［J］. Journal of Materials Chemistry, 2004, 14 (4): 695-703.

［10］ Wang H W, Kuo C H, Lin H C, et al. Rapid formation of active mesoporous TiO_2 photocatalysts via micelle in a microwave hydrothermal process ［J］. Journal of the American Ceramic Society, 2006, 89 (11): 3388-3392.

［11］ Li Y K, Yuan J J, Gao S Y, et al. A facile route to synthesis of double-sided TiO_2 nanotube arrays for photocatalytic activity ［J］. Journal of Materials Science: Materials in Electronics, 2017, 28 (1): 468-473.

［12］ Li X D, Gao C T, Duan H G, et al. Nanocrystalline TiO_2 film based photoelectrochemical cell as self-powered UV-photodetector ［J］. Nano Energy, 2012, 1 (4): 640-645.

［13］ Xie Y R, Wei L, Li Q H, et al. Self-powered solid-state photodetector based on TiO_2 nanorod/

spiro-MeOTAD heterojunction [J]. Applied Physics Letters, 2013, 103 (26): 261109.

[14] Xie Y R, Wei L, Li Q H, et al. High-performance self-powered UV photodetectors based on TiO_2 nano-branched arrays [J]. Nanotechnology, 2014, 25 (7): 075202.

[15] Hou X J, Wang X F, Liu B, et al. SnO_2 @ TiO_2 heterojunction nanostructures for lithium-ion batteries and self-powered UV photodetectors with improved performances [J]. Chemelectrochem, 2014, 1 (1): 108-115.

[16] 张问问. 多形貌 Bi_2O_3 光催化剂制备及盐酸四环素降解研究 [D]. 上海：东华大学, 2020.

[17] Chen X F, Dai J F, Shi G F, et al. Visible light photocatalytic degradation of dyes by beta-Bi_2O_3/graphene nanocomposites [J]. Journal of Alloys and Compounds, 2015, 649: 872-877.

[18] Qiu Y M, Zhang L, Liu L M, et al. Photoinduced synthesis of Bi_2O_3 nanotubes based on oriented attachment [J]. Journal of Materials Chemistry A, 2019, 7 (4): 1424-1428.

[19] Gujar T P, Shinde V R, Lokhande C D, et al. Formation of highly textured (111) Bi_2O_3 films by anodization of electrodeposited bismuth films [J]. Applied Surface Science, 2006, 252 (8): 2747-2751.

[20] Morasch J, Li S Y, Brötz J, et al. Reactively magnetron sputtered Bi_2O_3 thin films: analysis of structure, optoelectronic, interface, and photovoltaic properties [J]. Physica Status Solidi (a), 2014, 211 (1): 93-100.

[21] Gomez C L, Depablos-Rivera O, Silva-Bermudez P, et al. Opto-electronic properties of bismuth oxide films presenting different crystallographic phases [J]. Thin Solid Films, 2015, 578: 103-112.

[22] Tien L C, Liou. Y H. Synthesis of Bi_2O_3 nanocones over large areas by magnetron sputtering [J]. Surface & Coatings Technology, 2015, 265: 1-6.

[23] Ren S, Gao S Y, Lu H Q, et al. Large-area fabrication of homogeneous octahedral Bi_2O_3 nanoblocks on ITO substrate for UV detection [J]. Materials Science in Semiconductor Processing, 2022, 137: 106245.

[24] Yasin M, Saeed M, Muneer M, et al. Development of Bi_2O_3-ZnO heterostructure for enhanced photodegradation of rhodamine B and reactive yellow dyes [J]. Surfaces and Interfaces, 2022, 30: 101846.

[25] Balachandran S, Prakash N, Swaminathan M. Heteroarchitectured Ag-Bi_2O_3-ZnO as a bifunctional nanomaterial [J]. RSC Advances, 2016, 6 (24): 20247-20257.

[26] Liu Q Y, Liu Z T, Feng L P, et al. First-principles calculations of structural, electronic and optical properties of tetragonal SnO_2 and SnO [J]. Computational Materials Science, 2010, 47 (4): 1016-1022.

[27] Hu J Q, Ma X L, Shang N G, et al. Large-scale rapid oxidation synthesis of SnO_2 nanoribbons [J]. Journal of Physical Chemistry B, 2002, 106 (15): 3823-3826.

[28] Wan W J, Li Y H, Ren X P, et al. 2D SnO_2 nanosheets: synthesis, characterization, structures, and excellent sensing performance to ethylene glycol [J]. Nanomaterials, 2018, 8 (2): 112.

［29］ Wang C, Zhou Y, Ge M Y, et al. Large-scale synthesis of SnO_2 nanosheets with high lithium storage capacity ［J］. Journal of the American Chemical Society, 2010, 132 (1): 46-47.

［30］ Sun P, You L, Sun Y F, et al. Novel Zn-doped SnO_2 hierarchical architectures: synthesis, characterization, and gas sensing properties ［J］. CrystEngComm, 2012, 14 (5): 1701-1708.

［31］ Wang H K, Rogach A L. Hierarchical SnO_2 nanostructures: recent advances in design, synthesis, and applications ［J］. Chemistry of Materials, 2014, 26 (1): 123-133.

［32］ Tian W, Zhai T Y, Zhang C, et al. Low-cost fully transparent ultraviolet photodetectors based on electrospun ZnO-SnO_2 heterojunction nanofibers ［J］. Advanced Materials, 2013, 25 (33): 4625-4630.

［33］ Choi H, Seo S, Lee J H, et al. Solution-processed ZnO/SnO_2 bilayer ultraviolet phototransistor with high responsivity and fast photoresponse ［J］. Journal of Materials Chemistry C, 2018, 6 (22): 6014-6022.

［34］ Lee G N, Lee J H, Kim J. ZnO based all transparent UV photodetector with functional SnO_2 layer ［J］. Transactions of the korean institute of electrical engineers, 2018, 67 (1): 68-74.

3 TiO_2 纳米管光电化学型紫外探测器

3.1 引 言

TiO_2 纳米材料具有合适的带隙宽度（3.2 eV），并且制备工艺简单，是制备光电化学型紫外探测器的理想材料[1-3]。与 TiO_2 纳米线或纳米棒相比，在相同尺寸情况下，管状结构的 TiO_2 纳米结构由于中空结构，具有更大的比表面积，因此可以和电解液充分接触，并且提高光接触面积，提升光的利用率，因此基于 TiO_2 纳米管的光电化学型紫外探测器可以得到更大的光电流和更快的响应速度。

基于以上的分析，我们首先采用水热法在 ITO 衬底上制备出 ZnO 纳米棒阵列，接着采用液相沉积法在 ZnO 纳米棒表面沉积 TiO_2，并去除模板，得到 TiO_2 纳米管。基于 TiO_2 纳米管制备光电化学型紫外探测器，并对得到的样品和器件性能进行测试和分析。

3.2 TiO_2 纳米管紫外探测器的制备

3.2.1 ZnO 纳米棒模板的制备

首先，进行 ITO 衬底的清洗，在丙酮、乙醇、去离子水中分别超声清洗 40 min，将得到的衬底冲洗干净，用氮枪将衬底吹干后，避尘保存备用。将 ZnO 陶瓷靶平稳安装在磁控溅射仪中，利用机械泵将真空室内气压抽至 15 Pa，再用分子泵将气压抽至 3×10^{-3} Pa，通入流量为 18 sccm 的氧气和 42 sccm 的氩气，调节交流电源匹配网，使其在 3 Pa 下起辉，将溅射功率调至 100 W 后，再调回 1 Pa 进行预溅射。预溅射 20 min 后，移开挡板，对衬底溅射 ZnO 种子层，溅射 2 min，将得到的种子层进行退火处理，退火条件为 450 ℃保温 2 h，将退火处理好的 ITO 衬底备用。

采用水热法生长 ZnO 纳米棒阵列作为模板。配制 0.03 mol/L 的乙酸锌溶液和同等摩尔浓度的六次甲基四胺溶液，搅拌 10 min，将两者混合后，继续搅拌 10 min 后，作为生长 ZnO 纳米棒的前驱体溶液。在每个体积为 40 mL 的反应釜中，注入 30 mL 的前驱体溶液，将镀有 ZnO 种子层的 ITO 衬底竖直放入反应釜中，并在 95 ℃下反应 5 h，最后冷却至常温后取出，用去离子水和酒精分别冲洗长有 ZnO 纳米棒阵列的 ITO 衬底，并在空气中晾干。

3.2.2 TiO₂ 纳米管阵列的制备

实验采用液相沉积法制备 TiO₂ 纳米管阵列。分别配制 20 mL 0.1 mol/L 的氟钛酸铵溶液和 20 mL 0.3 mol/L 的硼酸溶液，搅拌 10 min 后将二者混合再搅拌 10 min。将之前制备的 ZnO 纳米棒阵列放入混合溶液中，浸泡 2 h，使其在 ZnO 纳米棒表面包覆 TiO₂。再配制 0.5 mol/L 的硼酸溶液，将已经浸泡两小时的 ZnO 纳米棒阵列转移到 0.5 mol/L 的硼酸溶液中，去除未反应完全的 ZnO 纳米棒，1 h 后取出，分别用去离子水和酒精清洗得到样品，并在室温下晾干。最后将得到的样品置于退火炉中，在 450 ℃ 条件下退火 2 h，自然冷却至室温，得到 TiO₂ 纳米管阵列。制备流程图如图 3-1 所示。

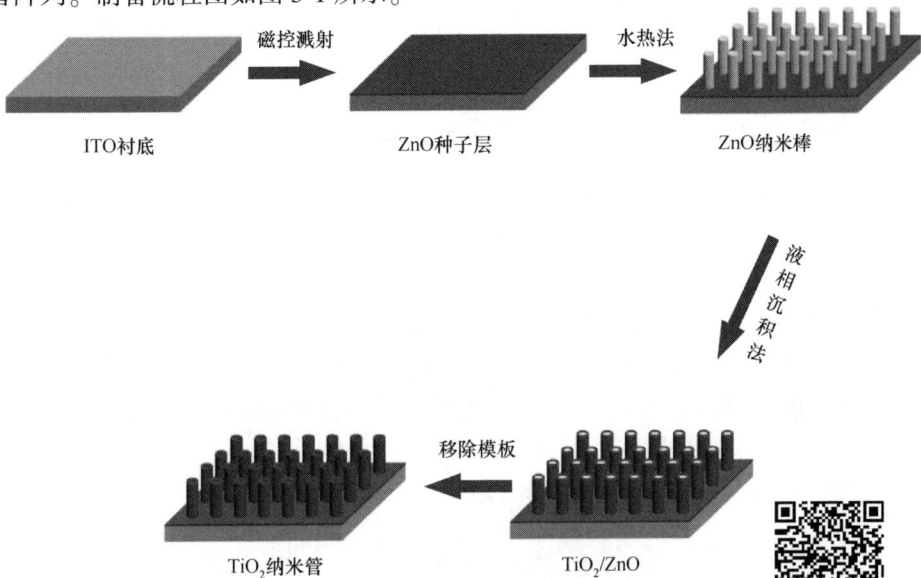

图 3-1 TiO₂ 纳米管制备流程图

图 3-1 彩图

3.2.3 Pt 对电极的制备

采用铂（Pt）电极作为对电极。将 0.3 g 氯铂酸、20 mL 异丙醇、0.1 g 聚乙二醇 20000、一滴 OP 乳化剂混合一起摇匀，70 ℃ 条件下水热加热 30 min，超声 3 min，循环加热超声 3~5 次，即配成氯铂酸溶液。其中聚乙二醇和乳化剂的作用是起泡，在微观结构上得到蜂窝状的 Pt 电极，可以增大比表面积。

按照清洗 ITO 衬底的过程，另清洗一块 ITO 衬底，用胶带将 ITO 衬底的四周围住，可以控制所贴胶带层数，控制后续 ITO 衬底表面 Pt 薄膜的厚度。在其表面滴几滴氯铂酸，并用载玻片来回刮涂 3 次，将其晾干，使溶剂挥发。刮涂后的 ITO

衬底表面呈彩色膜，用热风枪在 50 ℃ 条件下预热 3 min，并将温度提升 630 ℃，使用热风枪对其进行退火处理，此时可以观察到 ITO 衬底表面的彩色膜变为银白色，即在 ITO 衬底表面，成功制备 Pt 电极，将其冷却至室温，并将刮涂氯铂酸的过程重复三次，得到具有合适厚度的 Pt 对电极。在得到的 Pt 电极表面打孔，以便后续注入电解液。并且钻孔后的 Pt 电极，在 450 ℃ 条件下退火 15 min，快速冷却，得到 Pt 电极。

3.2.4 碘电解液的配制

采用碘电解质作为光电化学型紫外探测器的电解液。将 0.67121 g 的 1,3-二甲基咪唑碘盐（DMII）、0.0201 g 的 LiI、0.0228 g 的 I_2、0.2028 g 的 4-叔丁基吡啶和 0.0354 g 的异硫氰酸胍混合在 3 mL 的乙腈中，充分搅拌，得到碘电解质。其中 4-叔丁基吡啶的作用是其可以吸附在光阳极表面，形成表面绝缘层，阻止自由电子与电解液复合，从而提高导电电位。

3.2.5 TiO₂ 纳米管光电化学型紫外探测器的组装

对得到长有 TiO₂ 纳米管阵列的 ITO 衬底进行预处理，将 ITO 表面的 TiO₂ 纳米管阵列刮成直径为 6 mm 的圆形。同时将热压机温度设为 140 ℃，预热 15 min。并将之前处理好的光阳极和 Pt 电极使用提前准备好的热封膜叠在一起，用热压机热压 14 s。

用毛细管吸附一滴电解质，将其注入 Pt 电极上提前钻好的孔中，并用薄膜真空泵将器件中的气体抽出，使得碘电解液注入其中。最后用热封膜将小孔密封，将碘电解质封在器件中，得到光电化学型紫外探测器。TiO₂ 纳米管紫外探测器的器件结构示意图如图 3-2 所示。

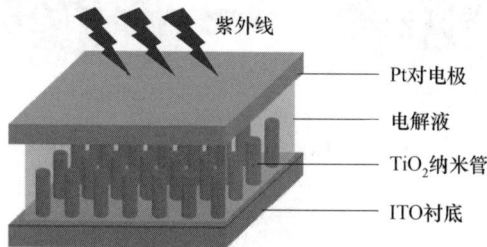

图 3-2 TiO₂ 纳米管紫外探测器的器件结构

3.3 结果与讨论

3.3.1 TiO₂ 纳米管阵列的表征

实验通过水热法制得了 ZnO 纳米阵列。图 3-3（a）为 ZnO 样品的低倍图，从图中可以看到，ZnO 呈棒状结构，纳米棒相互交错，形成大片的 ZnO 纳米簇，均匀且致密地分布整个 ITO 衬底表面。将其放大后，ZnO 纳米棒的高倍图如图 3-3（b）所示。可以清晰地观察到，ZnO 纳米棒成六棱柱状、棒身笔直、表面光滑，ZnO 纳米棒平均直径约为 145 nm。

通过液相沉积法在 ZnO 纳米棒表面沉积 TiO_2 后，其 SEM 照片如图 3-3（c）和（d）所示。从图 3-3（c）中，可以看到低倍下，样品形貌无明显变化，分布仍然十分均匀，说明 TiO_2 的存在不会对样品的疏密度产生影响，并且每根 ZnO 纳米棒都被作为模板，转化成了 TiO_2。TiO_2 样品的高倍图如图 3-3（d）所示。在图中可以明显地看出，TiO_2 纳米阵列呈管状结构，在多处均可观察到管口的存在。同时可以观察到，TiO_2 纳米管的平均外径约为 122 nm，平均内径约为 52 nm，说明六棱柱状的 ZnO 纳米棒全部被转化成管状的 TiO_2 纳米管。得到的 TiO_2 纳米管粗细均匀，并且呈轻微弯曲。与 ZnO 纳米棒相比，光滑的表面变得粗糙，粗糙的表面有利于紫外光的进一步利用[4]。

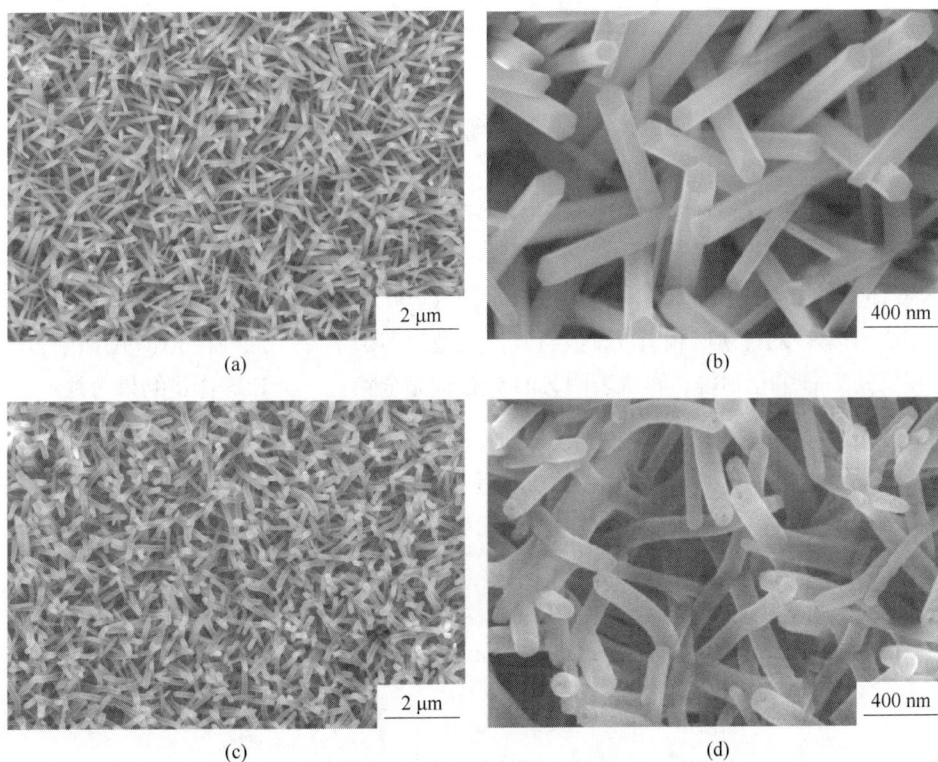

图 3-3　样品的 SEM 图

（a）ZnO 纳米棒；（b）ZnO 纳米棒放大图；（c）TiO_2 纳米管阵列；（d）TiO_2 纳米管阵列放大图

使用 EDS 能谱仪，对得到的样品进行元素种类分析，其结果如图 3-4 所示。

从图 3-4 中可以看到，图谱中一共存在四种元素峰，分别是 Sn、O、Si 和 Ti，其中 Ti 元素和 O 元素来自 TiO₂。同时观察到 Zn 元素峰没有出现在 TiO₂ 纳米管阵列的 EDS 能谱中，结合 SEM 结果可知，实验制得了 TiO₂ 纳米管，并且 ZnO 模板被完全去除，没有残留。而 Sn 元素和 Si 元素为 ITO 衬底的元素峰。

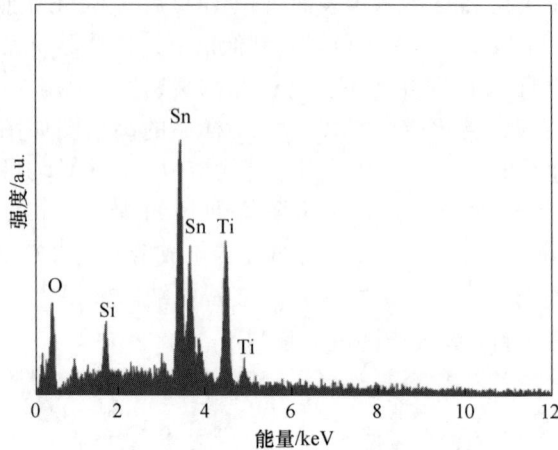

图 3-4   TiO₂ 纳米管阵列的 EDS 能谱

图 3-5（a）为 ITO 衬底的 XRD 衍射图谱。而且图 3-5（b）中，除了 ITO 的衬底峰外，我们还在 $2\theta = 25.3°$、$37.8°$ 和 $48.0°$ 观察到了新的 XRD 衍射峰，分别对应 TiO₂ 的（101）晶面、（004）晶面及（200）晶面。XRD 结果表明实验制备的 TiO₂ 由单一的锐钛矿相组成，没有其他晶型的 TiO₂ 存在。此外在 XRD 图谱中，没有观察到 ZnO 的衍射峰，再次表明 ZnO 模板被完全除去，与 EDS 图谱结果一致。

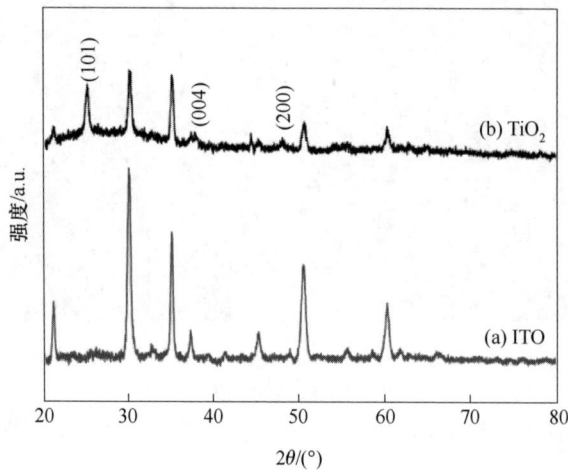

图 3-5   ITO 衬底及 TiO₂ 纳米管阵列的 XRD 衍射图谱

　　为了对 TiO_2 纳米管阵列的光吸收性能进行研究，我们使用紫外可见分光光度计测试了 TiO_2 纳米管的紫外吸收光谱。从图 3-6 中可以看到，TiO_2 纳米管对 400 nm 以下的紫外线具有较强的光吸收，在 384 nm 处响应迅速减弱，出现陡峭的吸收边，而对 400 nm 以上波长的光几乎无吸收，具有一定的可见光盲性，是制备紫外探测器的理想材料。其吸收边与 TiO_2 的光学带隙相对应。

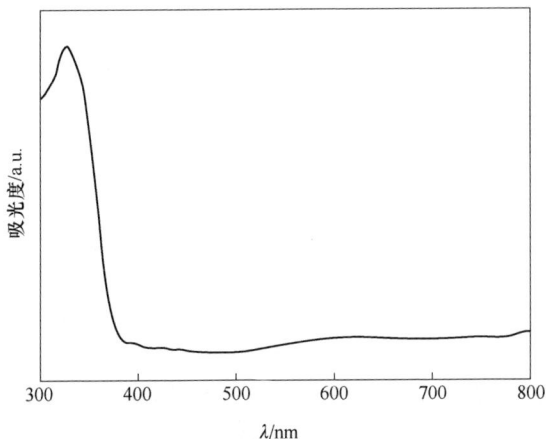

图 3-6　TiO_2 纳米管阵列的紫外吸收光谱

3.3.2　TiO_2 纳米管紫外探测器的性能研究

　　对于光电化学型紫外探测器，其优点之一就是光电流较高，容易被检测到信号。因此，紫外探测器的光电流密度是衡量紫外探测器的重要指标之一。我们采用电化学工作站，对器件进行一系列的性能测试。图 3-7 是 TiO_2 纳米管紫外探测器的 J-T 特性曲线。

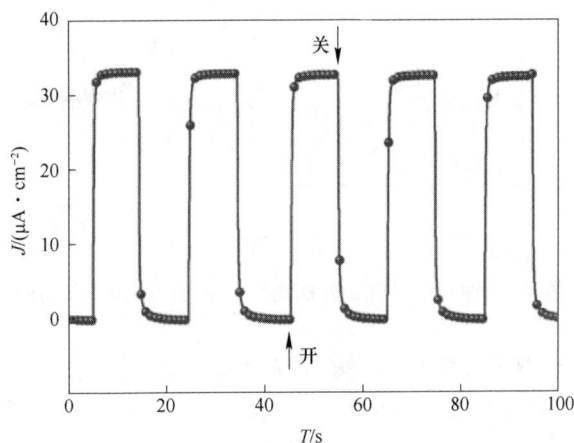

图 3-7　TiO_2 纳米管紫外探测器的 J-T 曲线

　　J-T 特性曲线是在波长为 365 nm（光功率密度为 40 mW/cm²）的紫外线照射下测得的。从图 3-7 中可以看到，在暗环境下，器件处于静默状态，光电流密度为零，器件没有响应。当打开紫外线时，紫外线照射在光阳极表面，产生光电流。可以观察到光电流密度迅速上升，在短时间内达到最大值 33 μA/cm² 并保持稳定，说明制得的 TiO₂ 纳米管紫外探测器具有较高的响应度。当紫光线被关闭后，没有新的光生载流子产生，因此光电流迅速减小，并且逐渐恢复到初始的静默状态，直到紫外线再次照射，开始下一个周期。在重复多个周期后，得到几乎完全相同的光电流曲线，可以看到最大电流密度十分稳定，没有明显衰减，说明器件具有优良的稳定性，可以重复使用。

　　除了光电流密度，响应时间也是决定紫外探测器性能的重要指标。响应时间快，器件可以更快地对紫外线做出响应，进而说明电子传输时间短，可以减少电子-空穴复合概率。上升时间一般定义为从初始状态上升到最大电流值的 63% 所需要的时间，即为 $\tau_\text{上}$。下降时间定义为从最大电流值恢复到最大电流值的 37% 所需要的时间，即为 $\tau_\text{下}$。将 *J-T* 曲线中一个周期取出后放大，得到图 3-8。打开紫外线，从图 3-8 中的上升沿可以得到，TiO₂ 纳米管紫外探测器的上升时间为 0.37 s。关闭紫外线后，可以从单个周期曲线的下降沿观察到，TiO₂ 纳米管紫外探测器的下降时间为 0.30 s。说明实验制得的光电化学型 TiO₂ 纳米管紫外探测器具有快速的响应时间，可以在短时间内对紫外线做出响应，具有优良的光敏性。

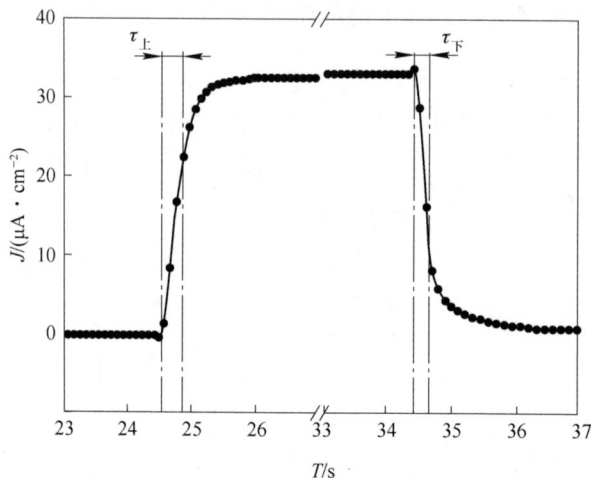

图 3-8　TiO₂ 纳米管紫外探测器的上升时间及下降时间

　　为了探究 TiO₂ 纳米管紫外探测器的光谱响应范围，采用光谱相应测试仪对器件进行测试，得到结果如图 3-9 所示。可以看到，TiO₂ 纳米管紫外探测器只对 300~400 nm 的紫外光有较强的响应，最大值为 4.5 mA/W。通常情况下，由于

ITO 衬底上导电薄膜的存在，波长在 300 nm 以下的紫外线照射到 ITO 衬底表面时，便被 ITO 衬底吸收，无法到达光阳极激发 TiO$_2$ 纳米管产生光生空穴和电子。因此在 300 nm 之前，器件对紫外线无响应[5]。当紫外线的波长达到 300 nm 之后，光阳极的 TiO$_2$ 纳米管受紫外光激发产生光生电子和空穴，因此光谱响应测试仪迅速对器件做出反应，光响应度迅速上升，并在 340 nm 左右达到最大值。之后，随着入射波长的增加，TiO$_2$ 纳米管紫外探测器的光响应持续减弱，在 400 nm 之后的光，器件无响应。说明 TiO$_2$ 纳米管紫外探测器只对 300～400 nm 的紫外光有响应，对其他波段的光无响应，具有一定的可见光盲特性，是制备光电化学型紫外探测器的优选材料。

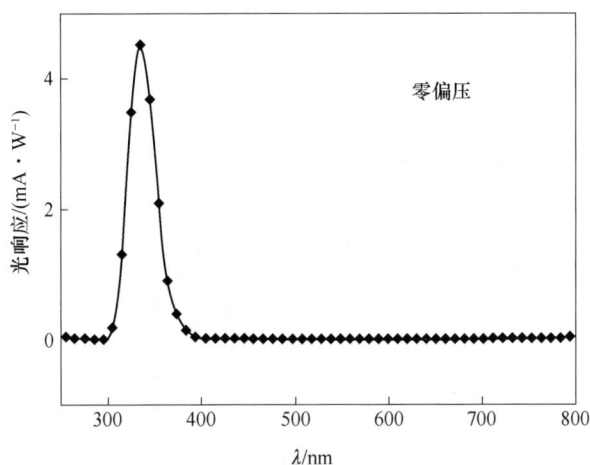

图 3-9　TiO$_2$ 纳米管紫外探测器的光响应曲线

图 3-10 为 TiO$_2$ 纳米管紫外探测器的工作机理。可以看到，当紫外线照射 TiO$_2$ 纳米管表面时，TiO$_2$ 纳米管吸收与其带隙能量相符的光子，受激发产生光生电子和空穴。TiO$_2$ 纳米管的功函数高于碘电解质的氧化还原电位，一旦二者相互接触，由于电子的迁移，即可在二者之间形成空间电荷区，其电场方向由 TiO$_2$ 纳米管指向碘电解质。同时又由于碘电解质中 4-叔丁基吡啶的存在，光生电子不易直接与电解液中的 I$_3^-$ 发生反应。因此光生电子向 ITO 衬底迁移，通过外电路，向 Pt 对电极进行转移，在外电路产生电流。随着紫外线的持续照射，TiO$_2$ 纳米管不断产生光生载流子并且达到稳定。因此当有紫外光照射时，TiO$_2$ 纳米管紫外探测器的光电流密度可以在短时间达到最大值。当光生电子到达 Pt 对电极后，与 Pt 对电极附近的 I$_3^-$ 发生反应，I$_3^-$ 被还原后生成 I$^-$，由于 Pt 对电极一侧不停地有 I$^-$ 生成，因此 Pt 对电极处 I$^-$ 浓度较高，将向光阳极侧扩散。空穴向 TiO$_2$ 纳米管表面迁移，到达 TiO$_2$ 纳米管表面后和电解液中靠近 TiO$_2$ 纳米管表面的 I$^-$ 发生

反应，I⁻被空穴氧化，形成 I₃⁻，此时 TiO₂ 纳米管附近 I₃⁻ 浓度较高，由于与 Pt 对电极处的 I₃⁻ 存在浓度梯度，其将扩散至 Pt 对电极处与光生电子发生反应。至此，受紫外线激发 TiO₂ 纳米管源源不断地产生光生电子-空穴，同时又与电解液中的 I₃⁻ 和 I⁻ 发生反应，当产生的光生电子-空穴与反应的光生电子-空穴达到平衡时，光电流密度达到最大值，并且保持稳定。当关闭紫外线后，不再有新的光子到达光阳极 TiO₂ 纳米管表面。因此 TiO₂ 纳米管无法产生新的光生电子-空穴，而光生电子-空穴仍在不断地与电解质发生反应。此时 TiO₂ 纳米管紫外探测器的光电流密度迅速减小，随着光生电子-空穴的进一步消耗直至全部消耗完毕，光电流密度恢复至初始状态，直到下一个周期开始。由于 I₃⁻ 和 I⁻ 不断地参与反应，并且 I₃⁻ 和 I⁻ 无消耗，因此 TiO₂ 纳米管紫外探测器可以在无外加能源的条件下进行工作。并且在器件中，Pt 电极既是电子传输的途径，又是氧化还原反应中必不可少的催化剂。

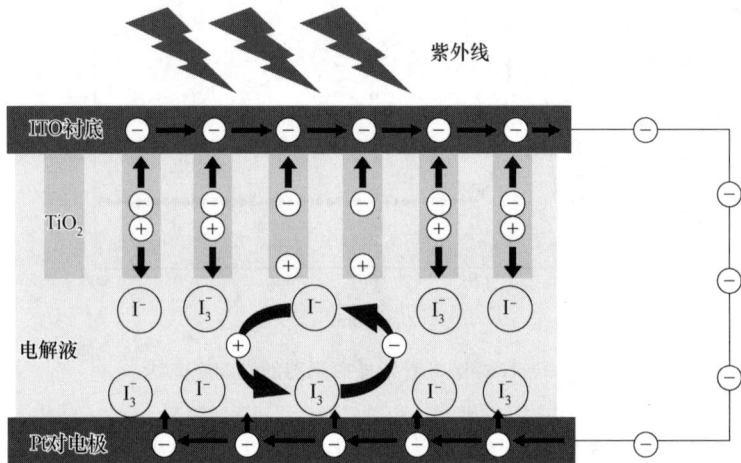

图 3-10　TiO₂ 纳米管紫外探测器的工作机理

3.4　本章小结

我们通过水热法制备了 ZnO 纳米棒，并且以 ZnO 纳米棒为模板，通过液相沉积法，在 ZnO 纳米棒表面沉积 TiO₂ 得到 TiO₂ 纳米管。通过 SEM、XRD 等方法对样品进行表征。再以 TiO₂ 纳米管为光阳极，采用碘电解质作为电解液，制备了光电化学型 TiO₂ 纳米管紫外探测器。随后对器件的紫外探测性能进行测试，并分析了 TiO₂ 纳米管紫外探测器的工作机理，得到结果如下：

（1）通过液相沉积法在 ZnO 纳米棒表面沉积 TiO₂ 后，移除 ZnO 纳米棒得到 TiO₂ 纳米管。TiO₂ 纳米管生长同样致密，并且管径适宜，平均内外直径分别为

122 m 和 52 nm。与 ZnO 纳米棒相比，管壁略显粗糙，可以进一步增大与碘基电解质的接触，提升紫外探测器性能。

（2）对得到的 TiO_2 纳米管进行晶体结构和吸光度表征。结果表明 TiO_2 纳米管为纯净的锐钛矿相，同时对波长 400 nm 以下的紫外线具有较强的吸光度。

（3）与其他结构相比，基于 TiO_2 纳米管的光电化学型紫外探测器具有较高的电流密度，可达 33 μA/cm²，更容易被检测到。同时 TiO_2 纳米管紫外探测器也具有快速的响应时间，上升、下降时间分别为 0.37 s 和 0.30 s，这意味着探测器可以更快地对紫外线做出响应。此外紫外探测器对 300~400 nm 的紫外线具有较高的响应度。

参 考 文 献

[1] Ismail A A, Bahnemann D W. Mesoporous titania photocatalysts: preparation, characterization and reaction mechanisms [J]. Journal of Materials Chemistry, 2011, 21 (32): 11686-11707.

[2] Wang Y Q, Han W H, Zhao B, et al. Performance optimization of self-powered ultraviolet detectors based on photoelectrochemical reaction by utilizing dendriform titanium dioxide nanowires as photoanode [J]. Solar Energy Materials and Solar Cells, 2015, 140: 376-381.

[3] Etgar L, Zhang W, Gabriel S, et al. High efficiency quantum dot heterojunction solar cell using anatase (001) TiO_2 nanosheets [J]. Advanced Materials, 2012, 24 (16): 2202-2206.

[4] 娄庆. 基于 TiO_2 纳米管阵列的紫外探测光电性能的研究 [D]. 重庆：重庆大学，2012：52-61.

[5] Yoo J H, Lange A, Bude J, et al. Optical and electrical properties of indium tin oxide films near their laser damage threshold [J]. Optical Materials Express, 2017, 7 (3): 817-826.

4 TiO₂/Ag 纳米管光电化学型紫外探测器

4.1 引　言

虽然基于 TiO_2 纳米管具有快速的电子传输通道，同时管状结构可以提高光捕获效率，但是在 TiO_2 纳米管界面处的光生电子-空穴快速复合的问题仍然制约 TiO_2 纳米管紫外探测器性能的进一步提高。因此如何抑制光生电子复合，提高光生电子的收集效率，成为当前研究的热点问题。目前已有许多学者提出了解决办法，如过渡金属阳离子掺杂[1]、包覆钝化层[2]及贵金属修饰光阳极[3]等。在这些方法中，贵金属修饰的方法由于制备工艺简单，受到了研究人员的青睐。与其他的贵金属如金、铂等相比，金属 Ag 价格便宜，容易获取，并且工艺简单，可以通过调节参数的不同，得到不同粒径的金属 Ag 纳米颗粒，并且分布疏密可以调控，因此是抑制光生电子-空穴复合、促进二者分离的优选手段。

在本章节中，采用光化学沉积法在 TiO_2 纳米管表面修饰 Ag 颗粒，通过调整光照时间，在 TiO_2 纳米管表面沉积不同粒径的金属 Ag 颗粒，制备自供能紫外探测器，探究金属 Ag 对 TiO_2 纳米管紫外探测器的影响。

4.2　TiO₂/Ag 纳米管紫外探测器的制备

TiO_2 纳米管的制备及紫外探测器的制备均已经在第 3 章中进行了详细阐述，在此不再赘述。本小节只对 TiO_2/Ag 纳米管阵列的制备进行介绍。

TiO_2/Ag 纳米管阵列的制备流程如图 4-1 所示。在得到 TiO_2 纳米管阵列后，配置 0.02 mol/L 的硝酸银溶液，搅拌 10 min。将载有 TiO_2 纳米管样品的 FTO 衬底，竖直浸入硝酸银溶液中，并采用波长 365 nm 的紫外线以 40 mW/cm² 的光功率密度，分别照射 1 min、2 min、5 min、10 min。之后将样品从中取出，分别用去离子水和酒精滴洗，除去附着在 TiO_2 纳米管表面的硝酸银溶液，室温下自然晾干。

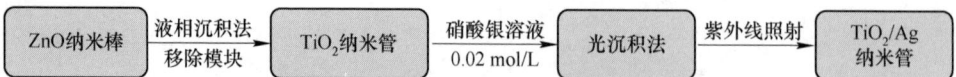

图 4-1　TiO₂/Ag 纳米管阵列的制备流程图

4.3 结果与讨论

4.3.1 TiO₂/Ag 纳米管阵列的表征

不同光照时间的 TiO_2 及 TiO_2/Ag 纳米管阵列的 SEM 图如图 4-2 所示。

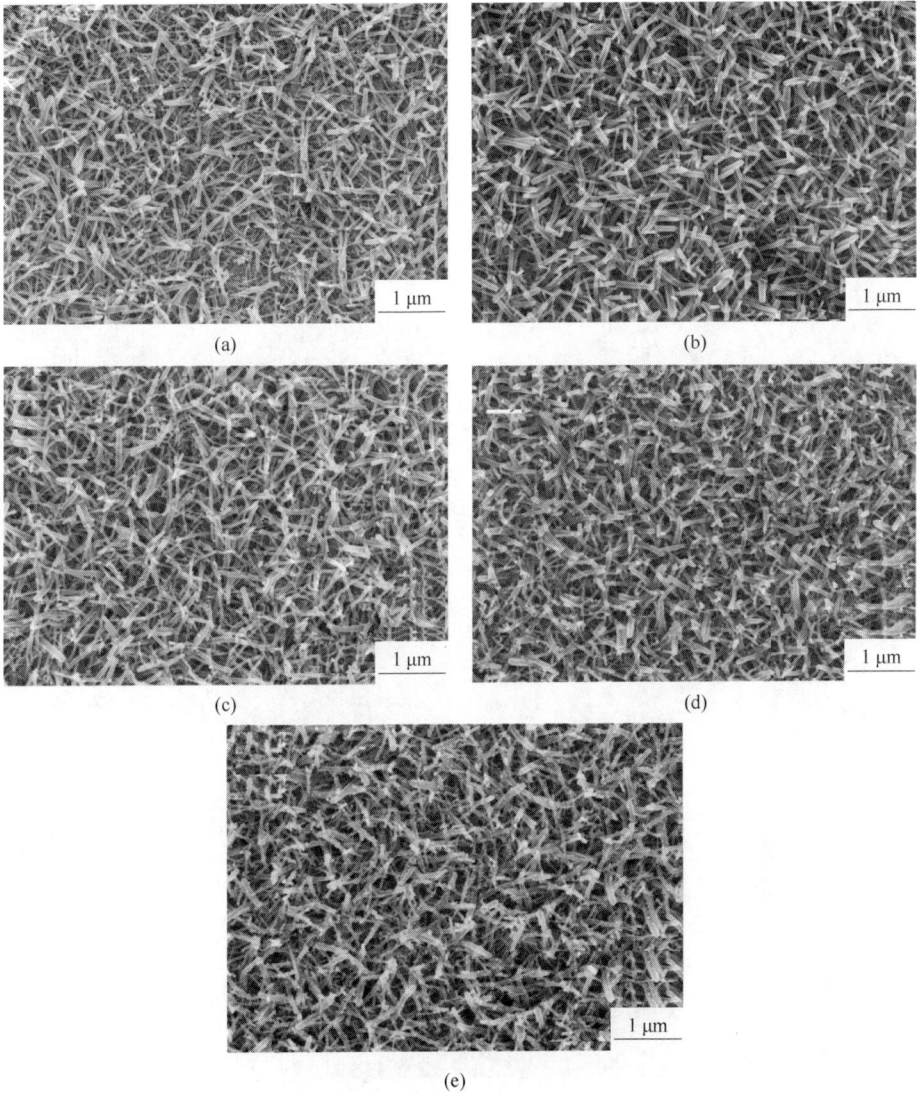

图 4-2 TiO_2 及 TiO_2/Ag 纳米管阵列的低倍 SEM 图

（a）TiO_2；（b）TiO_2/Ag，光照时间 1 min；（c）TiO_2/Ag，光照时间 2 min；

（d）TiO_2/Ag，光照时间 5 min；（e）TiO_2/Ag，光照时间 10 min

从图 4-2 中可以观察到，在不同光照时间下的 TiO₂/Ag 纳米管阵列分布较为均匀，生长十分致密。与图 4-2（a）纯 TiO₂ 纳米管阵列相比，没有发生明显变化，说明金属银颗粒的存在，对 TiO₂ 纳米管阵列无影响，这意味着金属银颗粒的存在不会影响原有的器件性能。同时随着光照时间的增加，TiO₂/Ag 纳米管阵列的形貌也无明显差异，证明光照时长对 TiO₂ 纳米管阵列的阵列形貌无影响。

将不同光照条件下的 TiO₂ 及 TiO₂/Ag 纳米管阵列的 SEM 照片放大后，得到 TiO₂ 及 TiO₂/Ag 纳米管阵列的高倍图，如图 4-3 所示。

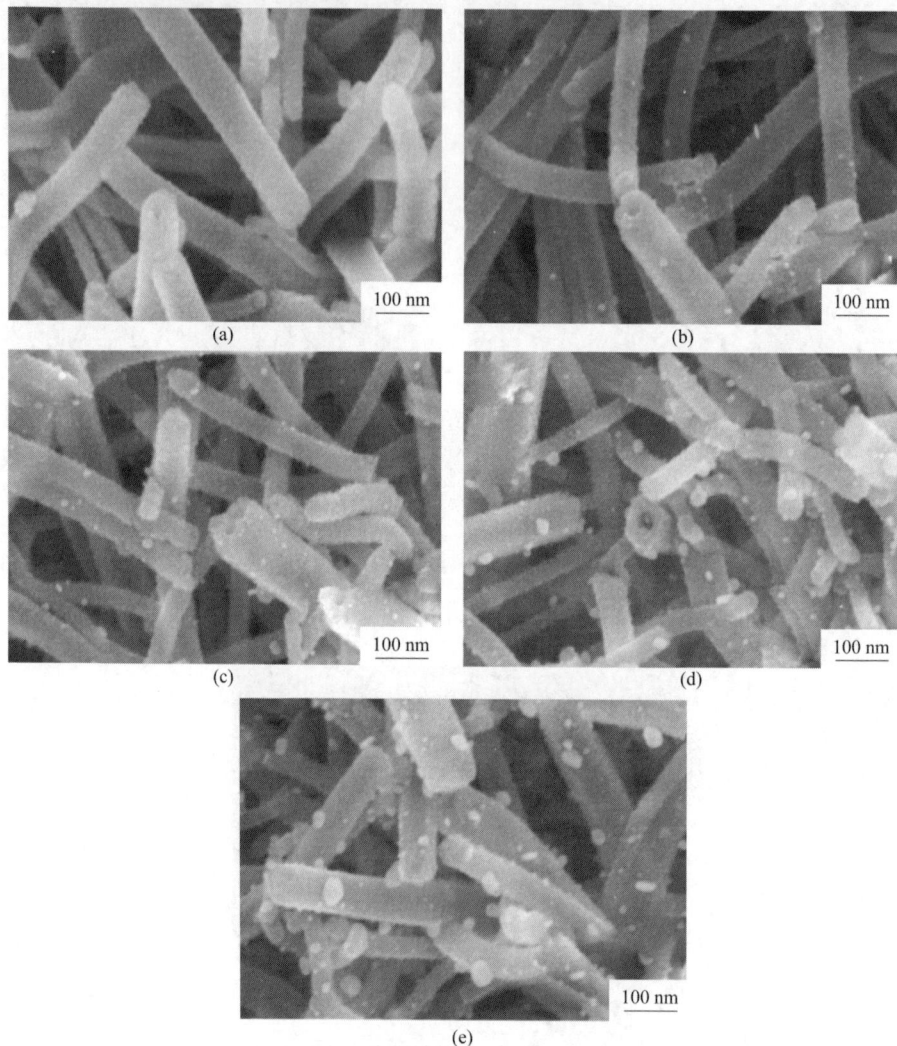

图 4-3　TiO₂ 及 TiO₂/Ag 纳米管阵列的高倍 SEM 图

（a）TiO₂；（b）TiO₂/Ag，光照时间 1 min；（c）TiO₂/Ag，光照时间 2 min；

（d）TiO₂/Ag，光照时间 5 min；（e）TiO₂/Ag，光照时间 10 min

从图 4-3（a）中可以看到，TiO$_2$ 纳米管表面粗糙，但无其他物质附着，管口明显。将其浸入硝酸银溶液中光照 1 min 后，结果如图 4-3（b）所示。与图 4-3（a）相比，TiO$_2$ 纳米管阵列出现细小的白色金属颗粒，粒径为 3~8 nm，管口结构依旧明显。随着光照的时间增加到 2 min，我们可以在图 4-3（c）中清楚地发现，紫外线照射 2 min 的 TiO$_2$ 纳米管表面出现更多细小的白色金属颗粒，颗粒粒径大小均一，平均粒径为 10 nm 左右。与图 4-3（b）相比，白色金属 Ag 颗粒分布得更加密集。将照射时间延长至 5 min，从图 4-3（d）中发现金属 Ag 颗粒的分布不仅更加密集，同时发现微小的 Ag 颗粒粒径增大至 20~40 nm，并且有部分金属颗粒发生团聚，形成粒径尺寸更大的金属颗粒。一旦光照时长达到 10 min，此时金属 Ag 颗粒分布已经无明显变化，粒径增加明显，最大粒径可达 50 nm。在所有的高倍图中均可以观察到管口，证明金属 Ag 颗粒的存在，不仅不会影响 TiO$_2$ 纳米管的宏观分布，同时也不会破坏管状结构。由于光照 2 min 的 TiO$_2$/Ag 纳米管阵列的金属颗粒分布均匀，粒径均一，因此以此作为 EDS 和 XRD 的表征样品。

采用 EDS 能谱仪对 TiO$_2$ 纳米管及光照 2 min 的 TiO$_2$/Ag 纳米管进行元素种类分析，结果如图 4-4 所示。可以看到图 4-4（a）中，除了来自 FTO 衬底的 Si 峰和 Sn 峰外，只有 Ti 元素峰和 O 元素峰，说明样品中只含有 TiO$_2$。在光照 2 min 之后，得到 TiO$_2$/Ag 纳米管的 EDS 能谱（图 4-4（b））。与图 4-4（a）相比可以看到，除了 Ti、O、Si、Sn 四种元素峰的存在外，我们还在图中观察到了 Ag 元素峰的存在，证明金属 Ag 颗粒成功地附着在 TiO$_2$ 纳米管表面，实验成功地制备了 TiO$_2$/Ag 纳米管。

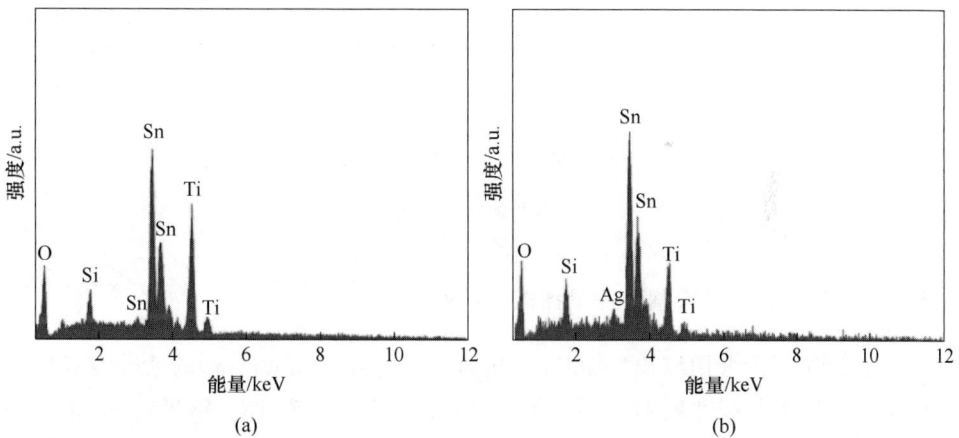

图 4-4 样品的 EDS 谱

（a）TiO$_2$；（b）光照 2 min 的 TiO$_2$/Ag 纳米管阵列

我们采用 X 射线衍射仪对 FTO 玻璃衬底、TiO$_2$ 纳米管及 TiO$_2$/Ag 纳米管进行表征，得到 XRD 图谱如图 4-5 所示。图 4-5（a）为 FTO 衬底的 XRD 图谱，在图中可以清楚地看到多个 FTO 衬底的衍射峰存在。在 FTO 衬底表面制备 TiO$_2$ 纳米管后，可以在图 4-5（b）中发现，除了诸多来自 FTO 的衬底峰，还在 $2\theta=$ 25.3°处出现了新的 XRD 衍射峰，对应 TiO$_2$ 的（101）晶面（JCPDS no. 21-1272）[4]，没有其他的衍射峰存在，说明制得的样品十分纯净，这在第 3 章中已经证实。进一步在 TiO$_2$ 纳米管表面光沉积金属 Ag 颗粒后，得到如图 4-5（c）所示的 XRD 图谱。在图 4-5（c）中可以看到，图谱与图 4-5（b）非常相似，同样可以观察到 FTO 衬底的衍射峰和 TiO$_2$ 的（101）晶面，此外没有观察到其他明显的峰位。但是将 XRD 图谱局部放大（图 4-5 右上角插图），可以在 $2\theta=44.4°$ 处观察到一个微小的衍射峰，与金属 Ag 的（200）晶面的峰位一致[5]，说明 TiO$_2$ 纳米管表面有金属 Ag 颗粒附着，这与 SEM 结果和 EDS 结果一致。衍射峰强度较低可能是由于光照时间较短，沉积的 Ag 较少[6]。

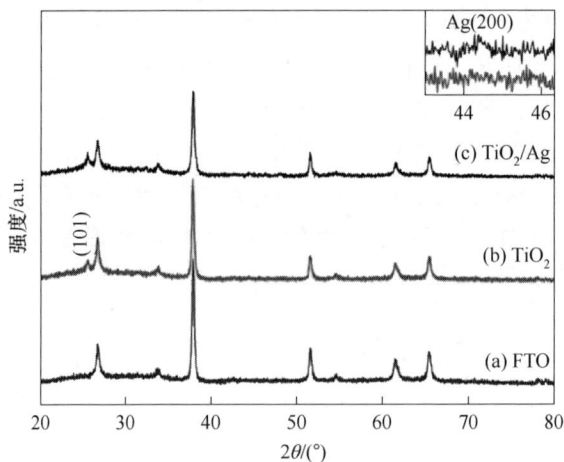

图 4-5　FTO 玻璃衬底、TiO$_2$ 纳米管及 TiO$_2$/Ag
纳米管的 XRD 谱

4.3.2　TiO$_2$/Ag 纳米管紫外探测器的性能研究

在无偏压下，采用波长为 365 nm 光功率密度为 40 mW/cm^2 的紫外线灯模拟紫外光源，以紫外线照射 10 s 后，关闭紫外线 10 s，得到 TiO$_2$ 纳米管及 TiO$_2$/Ag 纳米管紫外探测器的 J-T 特性曲线，其结果如图 4-6 所示。

可以发现，在没有金属 Ag 修饰时，TiO$_2$ 纳米管紫外探测器与第 3 章中的 TiO$_2$ 纳米管紫外探测器性能无明显差异。光电流密度相仿，为 30 μA/cm^2，并且

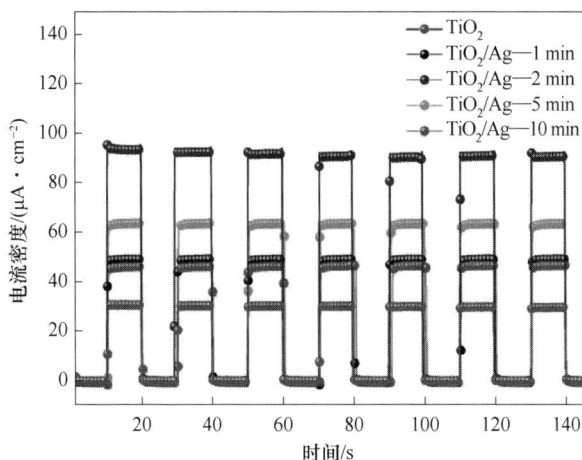

图 4-6 TiO₂ 纳米管及不同光照时长 TiO₂/Ag 纳米管
紫外探测器的 *J-T* 特性曲线

同样具有良好的稳定性和重复性，保持十个周期。加入金属 Ag 颗粒后，TiO₂/Ag 纳米管紫外探测器仍然保持了较高的稳定性和重复性，最大电流密度值无衰减。从 SEM 结果中可知，随着光照时间的增长，TiO₂ 纳米管表面沉积的金属 Ag 颗粒越来越多，TiO₂/Ag 纳米管紫外探测器的光电流密度逐渐在增加，并且在光照 2 min 时达到最大值，从 30 μA/cm² 提升至 91 μA/cm²，性能提高近 3 倍。继续增加光照时长可以发现，光电流密度没有持续增加，反而有减小的趋势，光照时间增加到 5 min 和 10 min 时，光电流密度分别减小至 65 μA/cm² 和 48 μA/cm²。光电流密度变化原因将在机理部分进行解释。

图 4-7 为 TiO₂ 纳米管及 TiO₂/Ag 纳米管紫外探测器的上升时间和下降时间曲线。从图 4-7（a）中可以看到，当打开紫外线时，TiO₂ 纳米管及 TiO₂/Ag 纳米管紫外探测器的光电流密度均迅速上升，其中 TiO₂ 纳米管紫外探测器的上升时间为 0.069 s。当金属 Ag 修饰之后，TiO₂/Ag 纳米管紫外探测器的灵敏度显著提高，提升至 0.028 s。在图 4-7（b）中下降时间也呈现相似的规律，在没有修饰金属 Ag 颗粒之前，TiO₂ 纳米管紫外探测器的下降时间为 0.05 s。当采用光沉积法在 TiO₂ 纳米管表面修饰 Ag 颗粒后，下降时间缩短至 0.021 s。说明 Ag 的存在无论是对上升时间还是下降时间，都有提升促进的作用。

紫外探测器应用到实际工作中，能否进行精准的紫外探测是一个重要指标。因此在不同光功率密度下，对 TiO₂/Ag 纳米管紫外探测器的光电流密度进行了一系列的测试，得到结果如图 4-8 所示。可以从图中观察到，在不同的光功率密度下，TiO₂/Ag 纳米管紫外探测器的光电流在周期内仍然保持稳定，没有明显衰

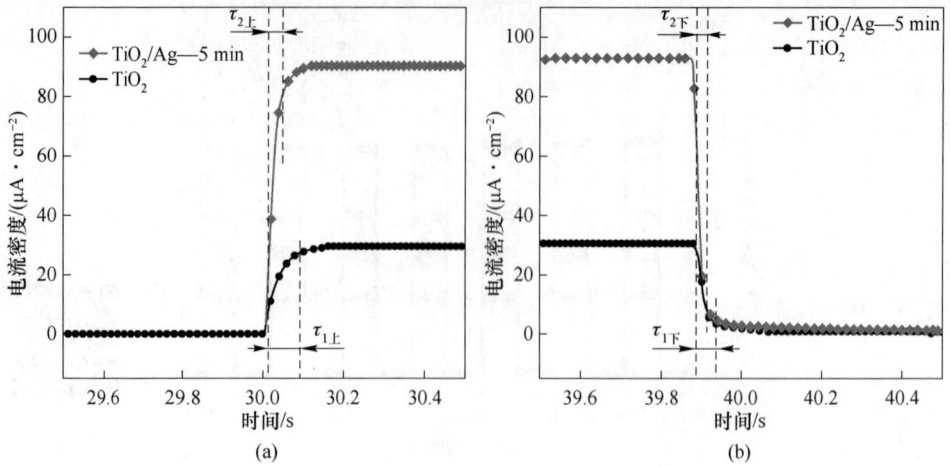

图 4-7　TiO_2 纳米管及 TiO_2/Ag 纳米管紫外探测器的光响应

（a）上升时间；（b）下降时间

减。即使是较弱的光功率密度（5 mW/cm^2），也可以达到 10 μA/cm^2。同时随着光功率密度的增加，TiO_2/Ag 纳米管紫外探测器的光电流密度也随之增加，并且在两者之间可以看出良好的线性关系，表明器件具有进行精准紫外探测的潜质，具有非常广阔的应用前景。

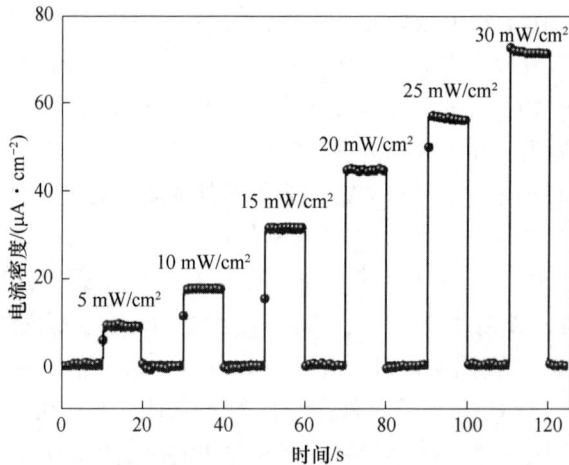

图 4-8　TiO_2/Ag 纳米管紫外探测器的光电流密度随光功率密度变化曲线

　　在 365 nm 紫外线照射情况下，得到 TiO_2 纳米管及光照时间为 2 min 的 TiO_2/Ag 纳米管紫外探测器的 *J-V* 曲线如图 4-9 所示。可以从图 4-9 中观察到，与 TiO_2 纳米管紫外探测器相比，TiO_2/Ag 纳米管紫外探测器具有更大的开路电压和短路电流密度，分别为 0.41 V 和 91 μA/cm²。而 TiO₂ 纳米管紫外探测器的开路电压和短路电流密度则为 0.3 V 和 30 μA/cm²。开路电压的提高可以归因于 Ag 的存在，由于金属 Ag 和 TiO₂ 纳米管形成肖特基接触[7]，开始电子会向金属 Ag 一侧转移，因此会在金属 Ag 一侧聚集更多的电子，而在 TiO₂ 纳米管聚集更多的空穴，会形成更大的电势差。因此 TiO₂/Ag 纳米管紫外探测器具有更大的开路电压。短路电流密度与 *J-T* 曲线中短路电流密度结果一致，原理将在后面进行解释。

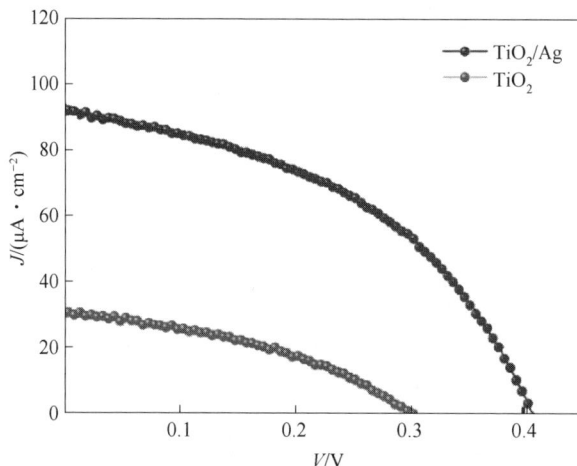

图 4-9　TiO₂ 纳米管及光照时间为 2 min 的 TiO₂/Ag 纳米管紫外探测器的 *J-V* 特性曲线

为了研究短路电流密度增加的原因，在 0.4 V 偏压下对 TiO₂ 纳米管及光照时间为 2 min 的 TiO₂/Ag 纳米管紫外探测器进行阻抗测试，结果如图 4-10 所示。在通常情况下，尼奎斯特图谱具有两个半圆，小圆代表对电极处电解质与对电极之间阻抗的大小，由于 TiO₂ 纳米管及 TiO₂/Ag 纳米管紫外探测器均是 Pt 作对电极和碘电解质作电解液，因此在对电极处阻抗大小相同，在本图中不予讨论，只关注在中频区的半圆。在中频区的半圆代表光阳极与电解质界面处的复合电阻的大小。可以看到 TiO₂/Ag 纳米管紫外探测器比 TiO₂ 纳米管紫外探测器半圆更大，说明 TiO₂/Ag 纳米管紫外探测器在 TiO₂/Ag 纳米管与电解质界面阻抗比较大，电子更不容易与电解液发生反应，电子损失少，就会有更多的电子被收集，经由外电路，传输至对电极，所以 TiO₂/Ag 纳米管紫外探测器比 TiO₂ 纳米管紫外探测器具有更大的光电流密度。

电子寿命也是影响紫外探测器探测性能的重要因素。电子寿命越长，紫外探测器的光电流密度越大，器件的紫外探测性能越优异。因此我们测量阻抗谱后，以频率的对数作为横坐标，相位作为纵坐标，绘制了 TiO₂ 纳米管及光照时间为 2 min 的 TiO₂/Ag 纳米管紫外探测器的伯德图（Bode）。从图 4-11 中可以发现，

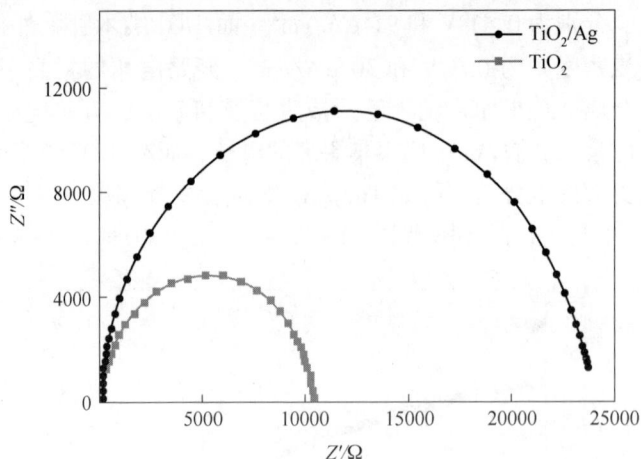

图 4-10　TiO₂ 纳米管及光照时间为 2 min 的 TiO₂/Ag 纳米管紫外探测器的尼奎斯特曲线

TiO₂/Ag 纳米管紫外探测器在峰值处的频率小于 TiO₂ 纳米管紫外探测器的频率，则可以通过式（4-1），比较 TiO₂/Ag 纳米管紫外探测器与 TiO₂ 纳米管紫外探测器的电子寿命[8]：

$$\tau \approx 1/\omega = 1/(2\pi f) \tag{4-1}$$

式中，f 为伯德图峰值处所在的频率。

　　由式（4-1）可以得出，TiO₂/Ag 纳米管紫外探测器的电子寿命大于 TiO₂ 纳米管紫外探测器的电子寿命，电子在 TiO₂/Ag 纳米管传输的时间更长，表明 TiO₂/Ag 纳米管具有良好的电子传输性能。由于 TiO₂/Ag 纳米管紫外探测器具有更高的电子传输性能，并且抑制了光生电子在光阳极与电解质交界处与电解质的进一步反应，因此 TiO₂/Ag 纳米管紫外探测器具有更加优异的紫外探测性能。

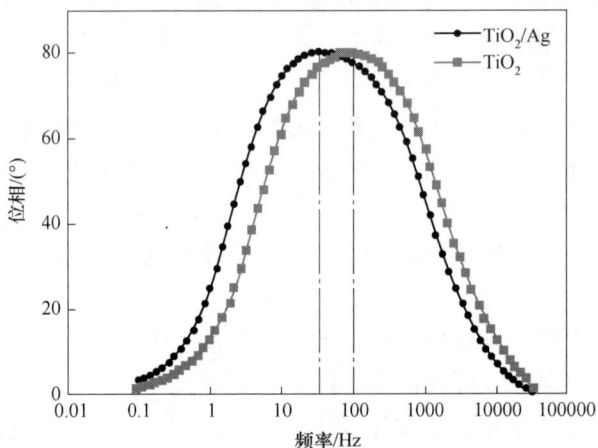

图 4-11　TiO₂ 纳米管及光照时间为 2 min 的 TiO₂/Ag 纳米管紫外探测器的伯德图

随后，在无外加电压的情况下，对紫外探测性能较为优异的光照时间为 2 min 的 TiO_2/Ag 纳米管紫外探测器进行光响应度测试，得到图 4-12。

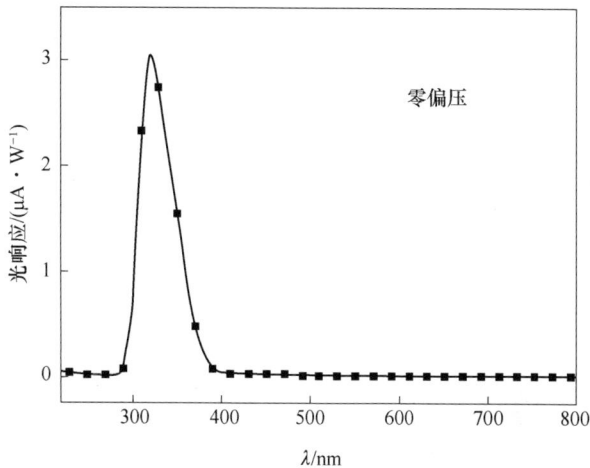

图 4-12 光照时间为 2 min 的 TiO_2/Ag 纳米管紫外探测器的光响应曲线

从图 4-12 中可以观察到，TiO_2/Ag 纳米管紫外探测器同样对 300 nm 以下的紫外光无响应，原因在第 3 章中已经表明，是由于 FTO 衬底对紫外线的滤过作用，紫外线无法照射到光阳极表面。300 nm 之后，随着波长的增加，光响应度随着波长迅速上升，并且在 335 nm 处达到最大值，约为 3 mA/W。此后随着波长的增加迅速减小，并且 400 nm 左右光响应衰减为 0，对 400 nm 之后的光也没有响应。说明 TiO_2/Ag 纳米管紫外探测器只对 300~400 nm 的紫外线有响应，Ag 的引入没有改变紫外探测器的响应光区，仍然保持在 300~400 nm。值得注意的是，光响应特性曲线是在无外加偏压条件下测得的，再次表明器件具有良好的自供能特性。

为了阐明 TiO_2/Ag 纳米管紫外探测器的紫外探测原理，原理如图 4-13 所示。由于 TiO_2 和 Ag 之间是肖特基接触，因此 TiO_2 导带上的电子会向 Ag 一侧转移，从而产生内建电场，内建电场方向从 Ag 和电解质方向指向 TiO_2，TiO_2 导带向上弯曲。当紫外线照射到 TiO_2/Ag 纳米管表面时，TiO_2 吸收能量合适的光子产生光生电子-空穴，受内建电场的作用，电子向 FTO 衬底移动。与第 3 章一致，经由外电路迁移至 Pt 对电极处与 Pt 对电极附近的 I_3^- 发生反应。

在 TiO_2/Ag 纳米管紫外探测器中，金属 Ag 颗粒的主要作用有两个：一是由于金属 Ag 颗粒的存在，增强光线在阵列之间的散射，提高光捕获能力，提高紫外线的有效路径；二是与入射光耦合，可以聚集光线。从 SEM 结果中可以看出，当光照射 2 min 时，金属 Ag 颗粒粒径在 10 nm 左右，可以产生等离子体增强效应，而照射时间达到 5 min 和 10 min 时，金属 Ag 颗粒开始生成大尺寸 Ag 颗粒，等离子体增强效应消失，同时过大的 Ag 颗粒阻碍了 TiO₂ 对光的捕捉能力，因此照射时间较长时，器件的光电流密度会逐渐降低。由于 Ag 的介电常数实部和等离激元的损耗有关，通常来说介电常数的实部越大，等离激元的传播损耗越低。因此 Ag 的存在可以和照射到 TiO₂/Ag 纳米管表面的紫外线发生耦合，从而有效增强在金属 Ag 颗粒附近的近场。由于近场的能量远远大于光场的能量，因此，金属 Ag 颗粒附近的近场可以有效地将光笼聚在自己的附近，这将进一步提高器件的探测性能。因为这样的近场不仅可以增强 TiO₂ 对光的捕获效率，同时还可以把部分能量传递给 TiO₂，TiO₂ 吸收能量后，可以继续产生光生电子-空穴，从而增加了载流子数量，进一步增强光电流密度。

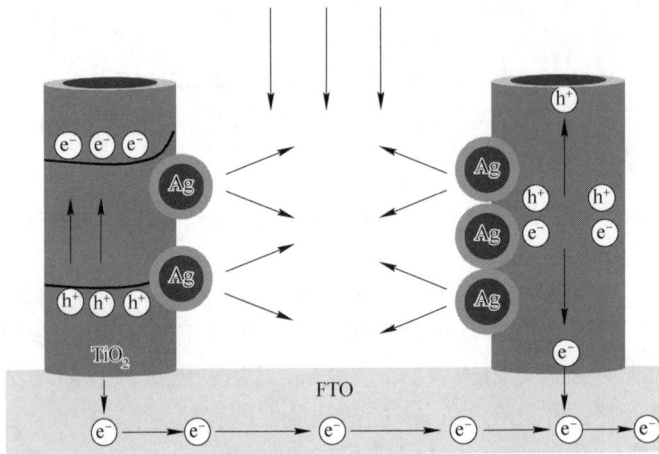

图 4-13　TiO₂/Ag 纳米管紫外探测器的紫外探测原理

4.4　本章小结

本章中，采用光沉积法在 TiO₂ 纳米管表面，沉积了金属 Ag 颗粒，并通过调整照射时间，得到了不同粒径的金属 Ag 颗粒。并分别制备成紫外探测器，研究金属 Ag 颗粒对紫外探测器探测性能的影响，并分析其增强机理，结果如下：

（1）采用光沉积法在 TiO₂ 纳米管表面沉积金属 Ag 颗粒后，在 SEM 图像中可以观察到 TiO₂ 纳米管表面出现微小金属 Ag 颗粒，并且随着光照时间的增加，金属 Ag 颗粒粒径变大。

（2）粒径不同的金属 Ag 颗粒会对 TiO₂/Ag 纳米管紫外探测器的探测性能产生影响。最初随着光照时间的延长，TiO₂/Ag 纳米管紫外探测器的光电流密度也随之增加，并且在光照时间为 2 min 时，光电流密度达到最大值，为 91 μA/cm²。之后随着照射时间的增长，TiO₂/Ag 纳米管紫外探测器的光电流密度开始减小。

与 TiO_2 纳米管紫外探测器相比，紫外光照射 2 min 的 TiO_2/Ag 纳米管紫外探测器具有更大的开路电压、短路电流，这与光电流密度结果一致。同时照射 2 min 的 TiO_2/Ag 纳米管紫外探测器的阻抗和载流子寿命也比 TiO_2 纳米管紫外探测器更大，说明光电流密度增强原因是在界面处的阻值大，电子与电解质难以复合，并载流子寿命更长。

（3）探测机理研究表明，金属 Ag 颗粒的作用主要有两点：一是可以对入射的紫外线进行散射，增强 TiO_2 纳米管的光捕捉能力；二是合适的金属 Ag 粒径可以产生等离子体增强效应，进一步增强光捕捉能力，提升载流子数量。

参 考 文 献

[1] Zhao H M, Chen Y, Quan X, et al. Preparation of Zn-doped TiO_2 nanotubes electrode and its application in pentachlorophenol photoelectrocatalytic degradation [J]. Chinese Science Bulletin, 2007, 52 (11): 1456-1461.

[2] Ni S M, Yu Q J, Huang Y W, et al. Heterostructured TiO_2/MgO nanowire arrays for self-powered uv photodetectors [J]. RSC Advances, 2016, 6: 85951-85957.

[3] Huang Y W, Yu Q J, Wang J Z. Plasmon-enhanced self-powered UV photodetectors assembled by incorporating Ag@ SiO_2 core-shell nanoparticles into TiO_2 nanocube photoanodes [J]. ACS Sustainable Chemistry & Engineering, 2018, 6 (1): 438-446.

[4] Kheamrutai T, Pichet L, Boonlaer N. Phase characterization of TiO_2 powder by XRD and TEM [J]. Kasetsart J. (Nat. Sci.), 2008, 42 (5): 357-361.

[5] Yang X H, Wang L L, Yang S. Research on fabricating of Ag-microtubes modified polymer crystal opticalfibres [J]. Acta Optica Sinica, 2008, 37 (2): 265-268.

[6] Wen L P, Liu B S, Liu C, et al. Preparation, characterization and photocatalytic property of Ag-loaded TiO_2 powders using photodeposition method [J]. Journal of Wuhan University of Technology, 2009, 24 (2): 258-263.

[7] Chinnamuthu P, Dhar J C, Mondal A, et al. Ultraviolet detection using TiO_2 nanowire array with Ag schottky contact [J]. Journal of Physics D Applied Physics, 2012, 45 (13): 135102.

[8] Hou X J, Wang X F, Liu B, et al. SnO_2@ TiO_2 heterojunction nanostructures for lithium-ion batteries and self-powered UV photodetectors with improved performances [J]. Chemelectrochem, 2014, 1 (1): 108-115.

5 TiO$_2$/Ag/ZnS 纳米管光电化学型紫外探测器

5.1 引　言

在前面的章节中，以 TiO$_2$ 纳米管为光阳极，制备了具有较高灵敏的光电化学型紫外探测器，但由于光生载流子的快速复合，其光电流密度为 33 μA/cm^2，有进一步提高的空间。为了抑制 TiO$_2$ 纳米管中的光生电子-空穴快速复合的问题，在上一章中，采用贵金属修饰的办法，在 TiO$_2$ 纳米管表面修饰金属 Ag 纳米颗粒（NPs）。由于 TiO$_2$ 纳米管与 Ag 之间的肖特基接触，会在内部形成内部电场，抑制电子与电解质反应，促使电子向 Pt 对电极侧进行转移。除此之外 Ag 颗粒由于等离子体增强效应也可以增加紫外探测器的光电流密度，从而提高探测性。

然而，贵金属修饰的方法虽然能促进光生电子-空穴的分离和转移，抑制光生电子-空穴的复合，但是并不能显著增加光生电子-空穴的数量，因此紫外探测器的性能仍有进一步提高的可能。除了贵金属修饰外，将不同带隙的半导体复合制备异质结构也是抑制载流子复合，促进光生电子-空穴分离的有效方法之一，同时这种方法还可以增加光生载流子的数量。ZnS 具有优秀的化学稳定性、合适的禁带宽度（3.72 eV）及无毒性[1]，是与 TiO$_2$ 纳米管复合的优选材料。由于 ZnS 具有比 TiO$_2$ 更高的导带和价带，因此可以与 TiO$_2$ 纳米管形成典型的 II 型异质结构，抑制光生电子-空穴的快速复合。到目前为止，TiO$_2$/ZnS 已广泛应用于光催化、制氢和太阳能电池领域，比单一组分具有更高的效率。将贵金属改性和半导体异质结构组合，有望获得高性能的紫外探测器。同时，ZnS 薄膜层还可以防止 Ag NPs 脱落。然而，迄今为止，关于 TiO$_2$/Ag/ZnS 光电化学型紫外探测器的报道较少。

本章采用液相沉积法和光化学法制备具有高比表面积和 Ag NPs 修饰的 TiO$_2$ 纳米管；然后，通过连续离子层吸收和反应（SILAR）技术在 TiO$_2$/Ag 纳米管上合成 ZnS 层；通过多种方法表征样品的微观结构、化学组成和晶体结构；并且首次制备了基于 TiO$_2$/Ag/ZnS 纳米阵列的光电化学型紫外探测器，测试了 TiO$_2$/Ag/ZnS 纳米管紫外探测器的光敏性和光电流密度（J），并分析了紫外检测机理。

5.2 TiO₂/Ag/ZnS 纳米管紫外探测器的制备

TiO₂/Ag 纳米管的制备及紫外探测器的制备均已经在第 4 章中进行了详细阐述，在此不再赘述。本小节只对 TiO₂/Ag/ZnS 纳米管阵列的制备及硫基电解质的配制进行介绍。

5.2.1 TiO₂/Ag/ZnS 纳米管阵列的制备

采用 SILAR 法在 TiO₂/Ag 纳米管上合成 ZnS 层。首先配制浓度为 0.1 mol/L 的硫化钠和乙酸锌溶液，搅拌 10 min。将前面得到的 TiO₂/Ag 纳米管首先浸泡在硫化钠溶液中，静置 1 min 后，将样品取出，使用纯净的去离子水滴洗样品，再将其浸入到乙酸锌溶液当中，浸泡 1 min 之后，将其取出再用纯净的去离子水滴洗样品，至此为一个循环。将样品分别浸泡 2 次、5 次、10 次，得到不同厚度的 ZnS 层，TiO₂/Ag/ZnS 纳米管示意图如图 5-1（a）所示。并以此制备成自供能紫外探测器，紫外探测器的结构示意图如图 5-1（b）所示。

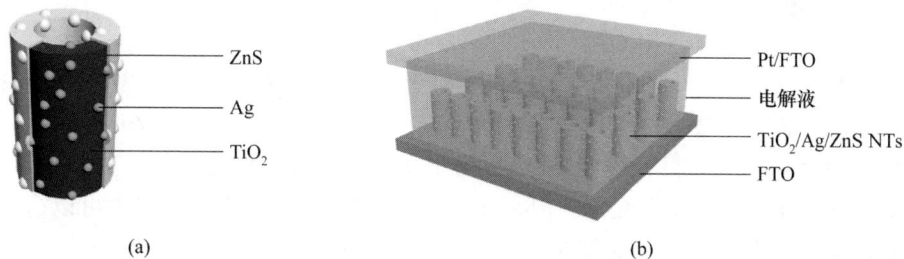

图 5-1 TiO₂/Ag/ZnS 纳米管及紫外探测器的结构示意图
(a) TiO₂/Ag/ZnS 纳米管；(b) 紫外探测器

图 5-1 彩图

5.2.2 硫电解液的配制

由于 ZnS 可能会与碘电解质发生反应，从而损耗器件性能。因此，为了避免电解质对紫外探测器探测性能的影响，在本章节中我们采用硫基电解质代替碘基电解质作为紫外探测器的电解液。首先分别称量 0.6412 g 的 S 单质、4.8036 g 的硫化钠、0.1491 g 的氯化钾，将三者混合溶于 10 mL 混合溶液中（水∶甲醇 = 3∶7），并在室温下搅拌 12 h，使其充分溶解，得到硫基电解质，置于避光条件下备用。

5.3　结果与讨论

5.3.1　TiO₂/Ag/ZnS 纳米管阵列的表征

图 5-2（a）为液相沉积法制备的 TiO₂ 纳米管的 SEM 照片，可以清楚地从图中看出，TiO₂ 纳米管尺寸大小无明显差异，分布十分致密且均匀地生长在 FTO 衬底表面，纳米管相互交错。图 5-2（a）中右上角是 TiO₂ 纳米管的局部放大图谱，一些破裂的管（圆圈处）清楚地显示了纳米管的管口，说明实验制备的 TiO₂ 纳米管是管状结构。由于在第 4 章中，我们已经探明光照 2 min 时，器件的性能优于其他光照时长的紫外探测器，因此在接下来的实验中，均在光照时间为 2 min 的 TiO₂/Ag 纳米管上进行实验，进一步摸索提高紫外探测器性能的最优条件。在经过紫外灯光照 2 min 后，可以观察到样品的颜色从浅灰色变为黄褐色，证明有金属 Ag 颗粒沉积在 TiO₂ 纳米管表面。光沉积金属 Ag 后，在图 5-2（b）的低倍图中可以看出，沉积了 Ag 颗粒的 TiO₂ 纳米管仍然较为致密，分布错落有致，即 Ag 颗粒只会附着在 TiO₂ 纳米管表面，不会对阵列的分布产生任何影响。此外在右上角的高倍放大图中可以看到，有明显微小的金属 Ag 颗粒附着，均匀地分布在 TiO₂ 纳米管的表面，金属粒径在 10 nm 左右。还可以观察到 TiO₂ 纳米管管径没有发生明显变化。

图 5-2（c）~（e）是 ZnS 生长不同厚度的 TiO₂/Ag/ZnS 纳米管的 SEM 照片。当 SILAR 法循环次数为 2 次时，从图 5-2（c）中可以观察到，ZnS 层沉积到 TiO₂/Ag 纳米管表面时，整体形貌仍然与 TiO₂/Ag 纳米管保持一致，管状形貌和分布疏密程度均没有发生变化。但是在图 5-2（c）中右上角的插图中可以得知，有 ZnS 薄层分布在 TiO₂/Ag 纳米管，金属 Ag 颗粒的表面有薄薄的 ZnS 层包覆，金属 Ag 颗粒的颗粒感已不如图 5-2（b）中那样明显。随着循环次数的增加，循环 5 次的结果如图 5-2（d）所示，可以看到表面明显变粗糙，并且 TiO₂/Ag/ZnS 纳米管的平均直径与 TiO₂ 纳米管相比略有增加，分布依然与之前相似，没有对 TiO₂ 纳米管的分布造成其他影响。此时管状结构依旧明显，说明包覆的 ZnS 层没有堵塞管口，不会影响管状结构比表面积大的优点，不会降低紫外探测器的性能。当循环次数达到 10 次时，可以在图 5-2（e）中发现，由于时间过长，TiO₂/Ag/ZnS 纳米管的平均直径明显比 TiO₂ 纳米管增大。同时，可以看到在 TiO₂/Ag/ZnS 纳米管表面已经出现了絮状物。这是浸泡次数过多，在后续的连续离子层反应过程中，大多数硫离子和锌离子依附在 TiO₂/Ag/ZnS 纳米管顶端，无法到达 TiO₂/Ag/ZnS 纳米管底部造成的。过多絮状的 ZnS 会阻挡紫外线照射到 TiO₂/Ag/ZnS 纳米管阵列表面，这可能会使其对紫外线的吸收能力产生影响，光利用率较低。选择 ZnS 层厚度适中的 TiO₂/Ag/ZnS 纳米管有利于提高以 TiO₂/Ag/ZnS 纳米管为光阳极的

自供能紫外探测器的探测性能，因此对 SILAR 法循环 5 次的 $TiO_2/Ag/ZnS$ 纳米管样品进行表征。

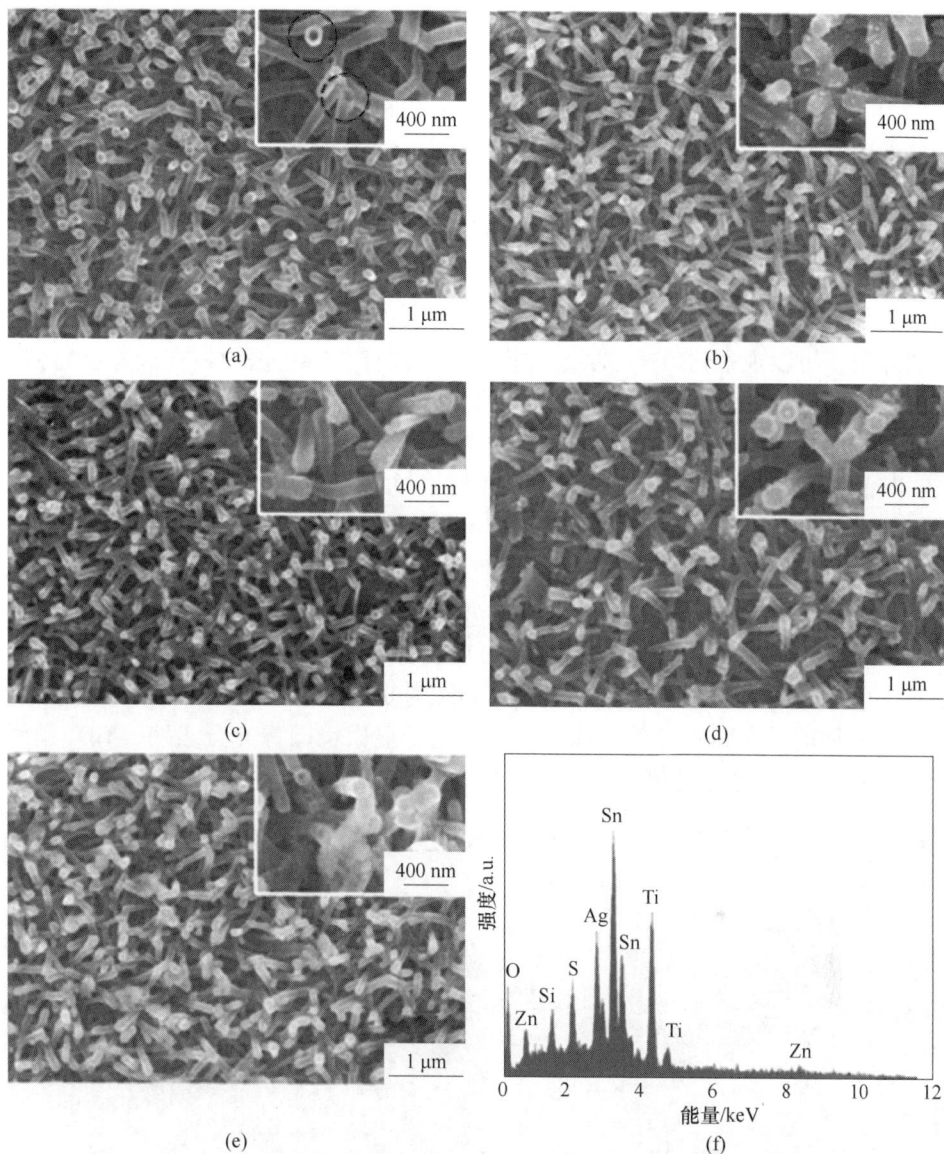

图 5-2 TiO_2 纳米管（a）、TiO_2/Ag 纳米管（b）、循环 2 次 $TiO_2/Ag/ZnS$-2 纳米管（c）、循环 5 次 $TiO_2/Ag/ZnS$-5 纳米管（d）、循环 10 次 $TiO_2/Ag/ZnS$-10 纳米管的 SEM 图（e）及 $TiO_2/Ag/ZnS$-5 纳米管的 EDS 能谱（f）

图 5-2（f）是循环 5 次的 $TiO_2/Ag/ZnS$ 纳米管样品的 EDS 能谱图，在能谱图中，观察到了多种元素峰的存在。包括 Zn、S、Ag、Ti、O、Si、Sn 元素。其中

Zn、S、Ag、Ti、O 元素来自 TiO$_2$/Ag/ZnS 样品，而 Si、Sn 元素来自 FTO 衬底。Zn、S、Ag、Ti、O 元素的存在，证明样品中包含 ZnS、Ag、TiO$_2$，即实验成功在 TiO$_2$ 纳米管表面沉积金属 Ag 颗粒，并在最外层包裹 ZnS 层，得到了 TiO$_2$/Ag/ZnS 纳米管，与在 SEM 照片中观察到的结果一致。

为了能够详尽地表征所制备的 TiO$_2$/Ag/ZnS-5 纳米管的微观结构和样品成分，使用透射电子显微镜对所制备的 TiO$_2$/Ag/ZnS-5 纳米管进行分析，得到结果如图 5-3 所示。在图 5-3（a）图中，我们可以清晰地看到 TiO$_2$/Ag/ZnS-5 纳米管的中空管状结构，这与 SEM 照片中的结果一致，从而说明实验制得了 TiO$_2$/Ag/ZnS-5 纳米管。在图中 TiO$_2$/Ag/ZnS-5 纳米管的管壁上还可以看到深色的凸起物，这是光沉积法沉积在 TiO$_2$ 纳米管表面的金属 Ag 颗粒。在金属 Ag 颗粒的外层，可以观察到薄薄一层的絮状物，对应着 SILAR 法包覆在最外层的 ZnS 层。放大后得到 TiO$_2$/Ag/ZnS-5 纳米管的高分辨图像，如图 5-3（b）所示。图像上部对应的是样品外侧，外侧是薄薄的絮状物，可以较为清晰地观察到晶格条纹，其晶格间距为 0.312 nm，对应的是面心立方的 ZnS 的（111）晶面，证实了在样品最外侧包覆的为 ZnS，且 ZnS 对 TiO$_2$ 纳米管包覆均匀[2]。在图像中部，发现单质 Ag 的（200）晶面，其晶格间距为 0.204 nm，说明金属 Ag 颗粒被 ZnS 包覆，这可以有效地避免 Ag 颗粒的脱落，增强紫外探测器的工作寿命。在图像的下部，对应的是 TiO$_2$ 纳米管的管壁，可以在图像中看到非常清晰的晶格条纹，表明 TiO$_2$ 样品结晶性良好，TiO$_2$ 的晶格间距为 0.352 nm，这和 TiO$_2$ 锐钛矿相的（101）晶面的晶面间距一致。综上，透射电子显微镜图像充分表明，TiO$_2$ 纳米管外沉积金属 Ag 并且外侧包覆有 ZnS 纳米颗粒。

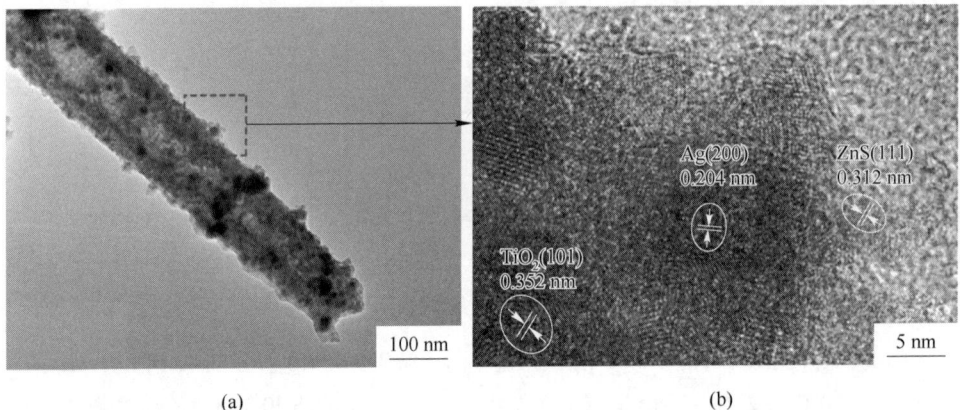

图 5-3 TiO$_2$/Ag/ZnS-5 纳米管的透射电子显微镜图（a）及高分辨图像（b）

使用 XRD 衍射仪对样品的晶体结构进行表征分析，结果如图 5-4 所示。在图 5-4（a）中可以观察到多个衍射峰，为 FTO 衬底的衍射峰，除了图 5-4（a）

的图谱外，在图 5-4（b）~（d）中也可以发现这些衍射峰的存在。图 5-4（b）为 TiO_2 纳米管的 XRD 图谱，在 XRD 图谱中可以清晰地看到 TiO_2 的（101）晶面出现在 $2\theta = 25.3°$ 处，表明样品是纯净的锐钛矿相，不含有其他晶相[4]。在 TiO_2 纳米管表面光沉积金属 Ag 颗粒后，在 XRD 图谱（图 5-4（c））中 $2\theta = 44.4°$ 处出现了微小的衍射峰，对应单质 Ag 的（200）晶面，衍射峰较弱与样品中金属 Ag 含量有关，表明单质 Ag 被成功地制备在 TiO_2 纳米管表面（JCPDS 21-1272）[3]。在图 5-4（d）中，除了来自 FTO 衬底的衬底峰、TiO_2 纳米管的衍射峰和单质 Ag 的衍射峰外，还在 $2\theta = 28.6°$ 处发现了属于 ZnS 的（111）晶面（JCP-DS 65-0309）[4]，表明通过 SILAR 法制得的 ZnS 属于面心立方相。ZnS 衍射峰较为微弱，是 ZnS 壳层较薄造成的[5]。XRD 结果表明实验制得的样品中包含 TiO_2、Ag 和 ZnS，这与 SEM、EDS 及 TEM 结果一致，表明成功制得了 $TiO_2/Ag/ZnS$ 纳米管。

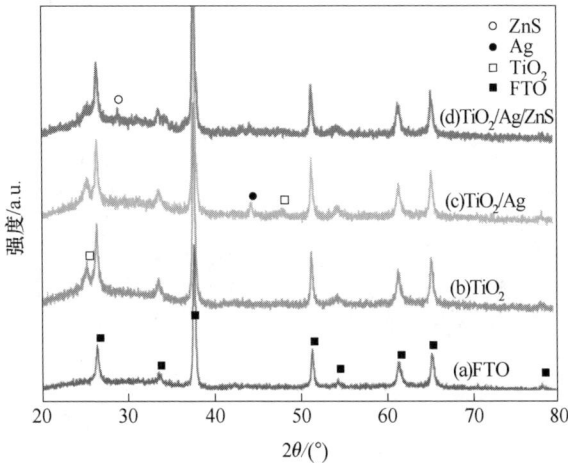

图 5-4　FTO 衬底、TiO_2 纳米管、TiO_2/Ag 纳米管及 $TiO_2/Ag/ZnS$-5 纳米管的 XRD 谱

对循环 5 次的 $TiO_2/Ag/ZnS$-5 纳米管进行表面元素种类分析，得到如图 5-5 所示的 XPS 图谱。在 $TiO_2/Ag/ZnS$-5 纳米管的全图谱（图 5-5（a））中，可以看到五种元素的存在，分别为 Ti、O、Ag、S 和 Zn 元素。图 5-5（b）是 Ti 2p 的高分辨率 XPS 光谱，可以在图谱中清楚地看到两个峰位，分别是四价钛所对应的 Ti $2p_{3/2}$ 峰和 Ti $2p_{1/2}$ 峰。在图 5-5（c）的光谱中出现了 O 1s 的峰，对应 O^{2-}，对照图 5-5（b）、SEM、EDS、TEM 及 XRD 结果可以得出结论，在 $TiO_2/Ag/ZnS$-5 纳米管中存在 TiO_2。如图 5-5（d）所示，在 Ag 元素光谱中可以观察到 Ag $3d_{5/2}$ 峰和 Ag $3d_{3/2}$ 峰，说明金属 Ag 颗粒已经被成功地修饰在 TiO_2 纳米管表面。S 2p 的高分辨率 XPS 光谱如图 5-5（e）所示，可以看出，在 XPS 光谱仅有一个峰位，对应负二价的硫元素，属于样品中的 Zn—S 键，证明了样品中 ZnS 的存在。在图 5-5（f）中具有两个属于 Zn^{2+} 离子的峰位，对应 Zn^{2+} 的 Zn $2p_{3/2}$ 峰和 Zn $2p_{1/2}$

峰。以上结果表明，样品中含有 TiO₂、Ag 和 ZnS 三种物质，实验已经成功制备了 TiO₂/Ag/ZnS 纳米管样品。

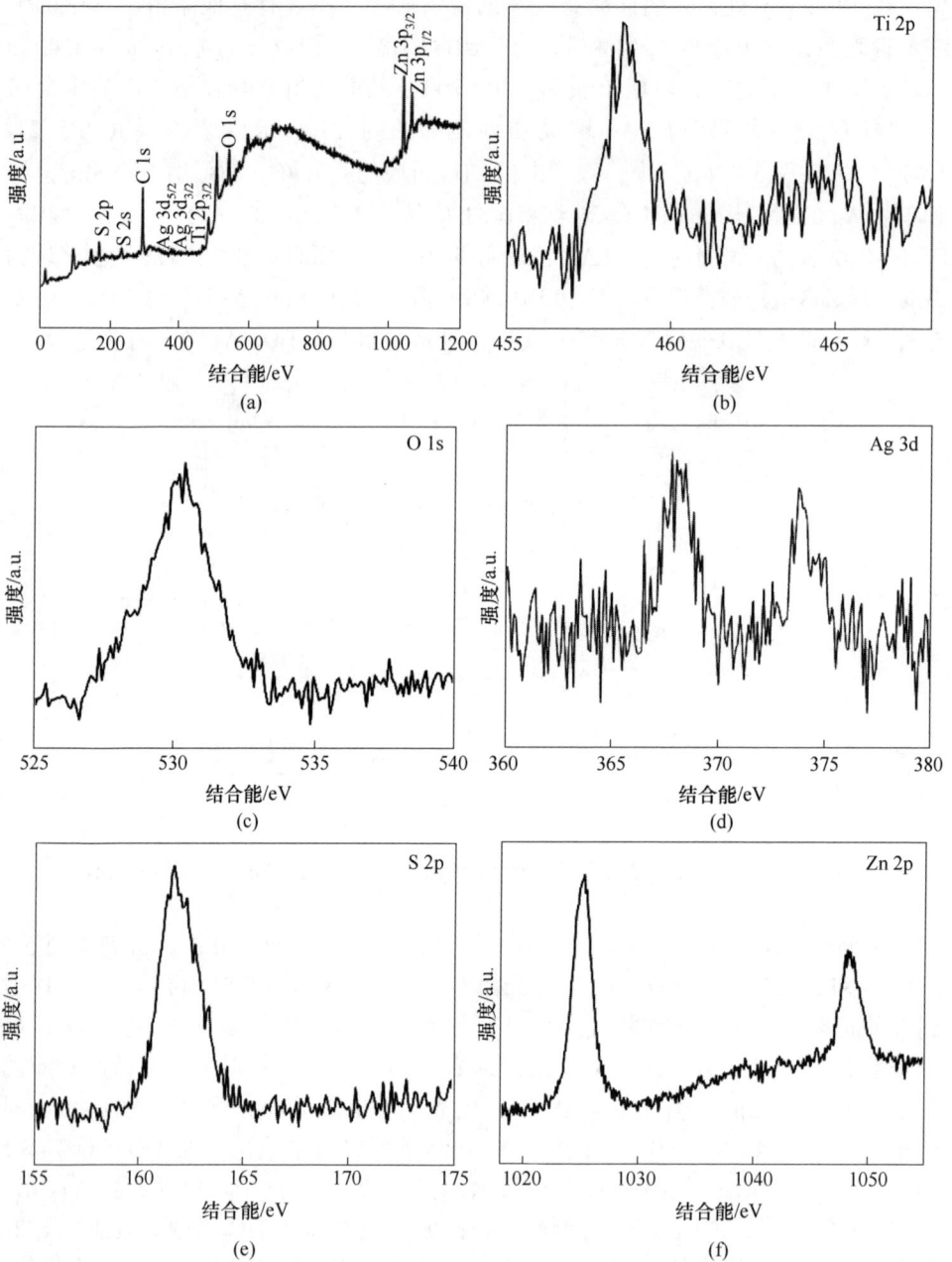

图 5-5　TiO₂/Ag/ZnS-5 纳米管的 XPS 谱

（a）总谱；（b）Ti 2p 精细谱；（c）O 1s 精细谱；（d）Ag 3d 精细谱；（e）S 2p 精细谱；（f）Zn 2p 精细谱

5.3.2 TiO₂/Ag/ZnS 纳米管紫外探测器的性能研究

为了测试制备的自供能紫外探测器的探测性能，使用波长为 365 nm、光功率密度为 40 mW/cm² 的紫外线对三个器件进行照射，在暗环境中静置 10 s 后，打开紫外光源，使紫外线照射紫外探测器 10 s，再关闭紫外线，并以此为一个周期，紧接着使器件继续处于暗环境中，重复上述过程，循环多个周期，得到器件的光电流密度-时间曲线，如图 5-6 所示。

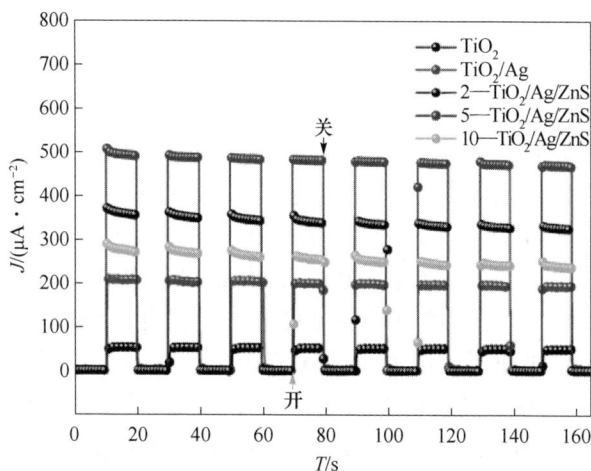

图 5-6 基于 TiO₂ 纳米管、TiO₂/Ag 纳米管、TiO₂/Ag/ZnS-5
纳米管的紫外探测器的光电流密度-时间曲线

从图 5-6 中可以看出，TiO₂ 纳米管紫外探测器的光电流密度为 51 μA/cm²，在多个周期循环后，仍然具有良好的稳定性和重复性，光电流密度无衰减，开关比为 1120。在光照 2 min 的条件下，沉积了金属 Ag 颗粒后，发现探测器的性能显著增强，光电流密度可达 211 μA/cm²，开关比为 4951，开关比和电流密度均是 TiO₂ 纳米管紫外探测器光电流密度的 4 倍，并且稳定性强，可以循环重复使用，这表明金属 Ag 颗粒的存在使 TiO₂ 纳米管紫外探测器的性能显著提高。而当在 TiO₂/Ag 纳米管外包覆不同厚度的 ZnS 层时，其光电流密度均有所增加；同时包覆有不同厚度 ZnS 层的 TiO₂/Ag/ZnS-5 纳米管紫外探测器仍然具备优良的稳定性和重复性，证明 ZnS 层的引入没有影响紫外探测器的稳定性和重复性，多个周期循环后，光电流密度几乎没有衰减。

此外在图 5-6 中可以观察到，与 TiO₂/Ag 纳米管紫外探测器相比，浸泡次数为 2 次的 TiO₂/Ag/ZnS-5 纳米管紫外探测器光电流密度有所提升，可达 360 μA/cm²。随着浸泡循环次数的进一步增加，其光电流密度也随之进一步提升，当循环次数为 5 次时，光电流密度为 497 μA/cm^2，开关比为 9837。而继续增加循环次数，循环次数为 10 次时，可以看到器件的光电流密度没有继续提升，反而出现了下降，其光电流密度为 270 μA/cm^2。原因是当浸泡循环次数过多时，在 TiO$_2$/Ag 纳米管外壁形成了较厚的 ZnS 层，甚至较多部分出现了团聚的絮状物，过厚的壳层增大了电子传输路径，过长的电子传输路径增加了载流子复合的概率，而在 SEM 照片中观察到的团聚絮状物的存在，使得电解质无法浸润到 TiO$_2$/Ag 纳米管深处，电解液与 TiO$_2$/Ag/ZnS 纳米管阵列的接触面积变小，因此器件性能不但没有提升，反而有所下降。由此可以得出结论：循环次数过多，会影响器件的光电流密度进而影响器件的紫外探测性能，循环次数为 5 次时，器件性能最优。接下来对 TiO$_2$、TiO$_2$/Ag、循环 5 次的 TiO$_2$/Ag/ZnS-5 纳米管进行更加详尽的分析。

　　将其中一个周期放大，得到 TiO$_2$、TiO$_2$/Ag、TiO$_2$/Ag/ZnS-5 纳米管紫外探测器的上升时间及下降时间，如图 5-7 所示。可以看到当在 TiO$_2$ 纳米管沉积金属 Ag 颗粒后，响应速度变快，上升时间从 0.28 s 提升至 0.23 s，下降时间从 0.21 s 提升至 0.20 s，这与之前的结论一致，表明 Ag 的存在可以有效提升响应速度。当在外面包覆 ZnS 后，可以看到响应速度进一步提升，TiO$_2$/Ag/ZnS-5 纳米管紫外探测器的上升时间和下降时间分别为 0.16 s 和 0.18 s，这明显优于 TiO$_2$ 和 TiO$_2$/Ag 纳米管紫外探测器，说明使用三元 TiO$_2$/Ag/ZnS-5 纳米管制备的紫外探测器不但可以提高光电流密度，也可以显著提高响应时间。

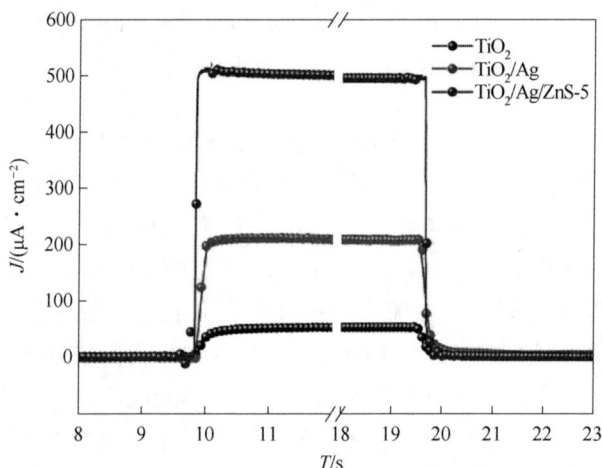

图 5-7 彩图

图 5-7　TiO$_2$、TiO$_2$/Ag、TiO$_2$/Ag/ZnS-5 纳米管紫外
探测器的上升时间及下降时间

　　调节紫外光的光功率密度，在不同光功率密度下测得了 TiO$_2$/Ag/ZnS-5 纳米管紫外探测器的光电流密度，结果如图 5-8 所示。

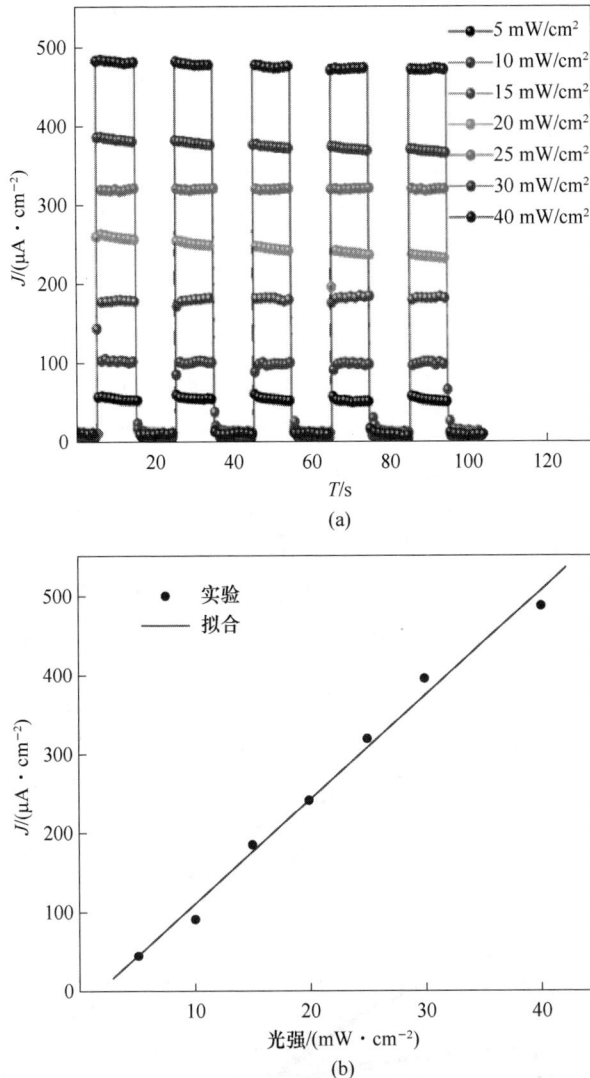

图 5-8　不同光功率密度下 TiO$_2$/Ag/ZnS-5 纳米管紫
外探测器的光电流密度

（a）J-T 曲线；（b）J 随光强变化关系

　　从图 5-8（a）中可以看出，随着光功率密度的增加，TiO$_2$/Ag/ZnS-5 纳米管
紫外探测器的光电流密度也随之增加，当光功率密度为 5 mW/cm^2 时，光电流密
度可达 50 μA/cm^2，这与 TiO$_2$ 纳米管紫外探测器在 40 mW/cm^2 紫外光照射下获
得的光电流密度相同，表明 TiO$_2$/Ag/ZnS-5 纳米管紫外探测器可以显著提高紫外
探测性能，即使是较为微弱的紫外线，也可以被检测到，并具有较高的光电流密

度和稳定性。随着后续紫外线光功率密度的进一步增加，其光电流密度均优于 TiO₂ 纳米管紫外探测器。将光功率密度与光电流密度作图，可以得到图 5-8 (b)，对结果进行拟合后可以发现，光电流密度随光功率密度线性增加，这表明器件的光电流密度值和光功率密度具有良好的线性关系，TiO₂/Ag/ZnS-5 纳米管紫外探测器具有精准紫外探测器的潜质。

图 5-9 为在 365 nm、40 mW/cm² 紫外线照射下获得的 TiO₂、TiO₂/Ag、TiO₂/Ag/ZnS-5 纳米管紫外探测器的 J-V 曲线。从图 5-9 中可以看到，TiO₂ 纳米管紫外探测器的开路电压为 0.18 V、短路电流密度为 51 μA/cm²，短路电流与 J-T 曲线中的电流密度一致。Ag 颗粒的引入，使得开路电压增大至 0.20 V，短路电流增大至 211 μA/cm²，表明 Ag 颗粒的存在可以提升器件的开路电压和短路电流，进而提升紫外探测器的探测性能，这点已经在之前多次证明。随着 ZnS 层的包覆，开路电压和短路电流均发生明显变化，开路电压和短路电流分别为 0.38 V 和 497 μA/cm²。开路电压是由材料中的准费米能级和电解质的氧化还原的电势共同决定的，为二者的差值。由于在本章节中所用电解质均为硫电解质，因此氧化还原电势相同，而金属 Ag 颗粒及 ZnS 层的引入，使得材料的准费米能级变大，因此开路电压变大[6]。短路电流变大的原因将在接下来的分析中解释。

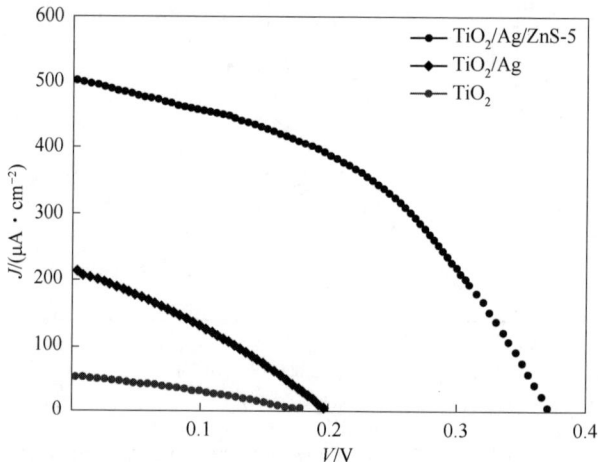

图 5-9　TiO₂、TiO₂/Ag、TiO₂/Ag/ZnS-5 纳米管紫外探测器的 J-V 曲线

为了阐明 TiO₂/Ag/ZnS-5 纳米管紫外探测器光电流密度增大的原因，在 0.2 V 偏压下测试了 TiO₂、TiO₂/Ag、TiO₂/Ag/ZnS-5 纳米管紫外探测器的电化学阻抗谱。在图 5-10 (a) 中可以明显观察到半圆。一般来说，中频区的半圆表示在 TiO₂ 纳米管与硫电解质界面处的电荷复合阻抗的大小。可以明显地看到，TiO₂/Ag/ZnS-5 纳米管紫外探测器的半圆远远大于 TiO₂ 和 TiO₂/Ag 纳米管紫外探测器的半圆，说明在纳米管阵列表面与硫电解质界面处，TiO₂/Ag/ZnS-5 纳米管

紫外探测器具有更大的阻抗，即金属 Ag 颗粒和 ZnS 层的引入，有效地抑制了界面处电子的复合，电子不容易复合因此损失更少，将有更多的电子经由外电路，流向对电极，器件具有更高的电子收集效率，进而提高了光电流密度。

在不同偏压下测量器件在纳米管与硫电解质界面处的电荷复合阻抗的大小，取半圆最高点为 R_{ct2}，分别作图，得到结果如图 5-10（b）所示。可以看到，在不同偏压下，$TiO_2/Ag/ZnS-5$ 纳米管紫外探测器在纳米管与硫电解质界面处仍然具有最大的阻抗，证明金属 Ag 和 ZnS 层可以有效地抑制电子和电解质之间的复合。

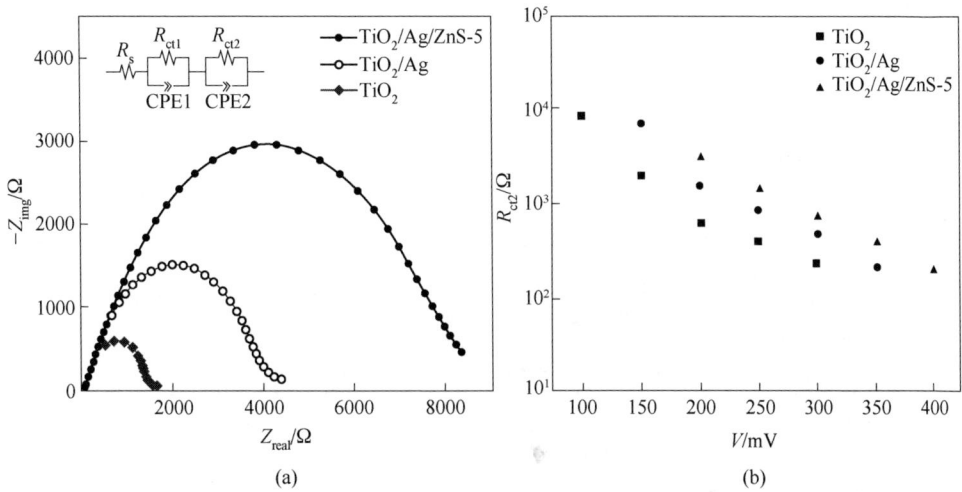

图 5-10 TiO_2、TiO_2/Ag、$TiO_2/Ag/ZnS-5$ 纳米管紫外探测器的尼奎斯特曲线（a）及不同偏压下纳米管紫外探测器表面电荷复合阻抗值（b）

影响自供能紫外探测器紫外探测性能的又一重要因素是电子寿命。为了研究 TiO_2、TiO_2/Ag 和 $TiO_2/Ag/ZnS-5$ 纳米管紫外探测器的电子寿命，绘制了伯德图（图 5-11（a））。可以看出，随着 Ag 颗粒附着到 TiO_2 纳米管表面后，TiO_2/Ag 纳米管紫外探测器峰值处的频率为 5.12 Hz，小于 TiO_2 纳米管紫外探测器峰值处的频率 20.78 Hz。由式（4-1）可知，TiO_2/Ag 纳米管紫外探测器的电子寿命为 31 ms，而 TiO_2 纳米管紫外探测器的电子寿命仅为 7 ms，表明器件具有良好的电子传输性能，可以有效地促进载流子的分离，这与之前的结论一致。当在外面包覆 ZnS 层后，可以看到 $TiO_2/Ag/ZnS-5$ 纳米管紫外探测器的伯德图峰值处的频率进一步降低，仅为 1.47 Hz，对应的电子寿命为 108 ms，与 TiO_2/Ag 纳米管紫外探测器相比电子寿命提高近 4 倍，与 TiO_2 纳米管紫外探测器相比性能提高近 15 倍，说明在金属 Ag 修饰后外面包覆 ZnS 可以显著地提高电子寿命和电子传输效率。较高的电子寿命表明器件可以实现良好的电荷分离，高效的电子传输效率和良好的电荷分离是提高紫外探测器性能的重要因素。

在不同偏压下对 TiO₂、TiO₂/Ag 和 TiO₂/Ag/ZnS-5 纳米管紫外探测器进行测试，得到伯德图后，取峰值处的频率值，利用式（4-1）计算出电子寿命，将电子寿命与偏压作图，得到图 5-11（b）。可以看到，在不同偏压下，与 TiO₂ 和 TiO₂/Ag 纳米管紫外探测器相比，TiO₂/Ag/ZnS-5 纳米管紫外探测器均具有更高的电子寿命，这与图 5-10（b）结果一致，说明界面处的电子不容易复合，并且较高的电子寿命使得紫外探测器具有优良的电子传输效率，使 TiO₂/Ag/ZnS-5 纳米管紫外探测器具有更高的光电流密度。

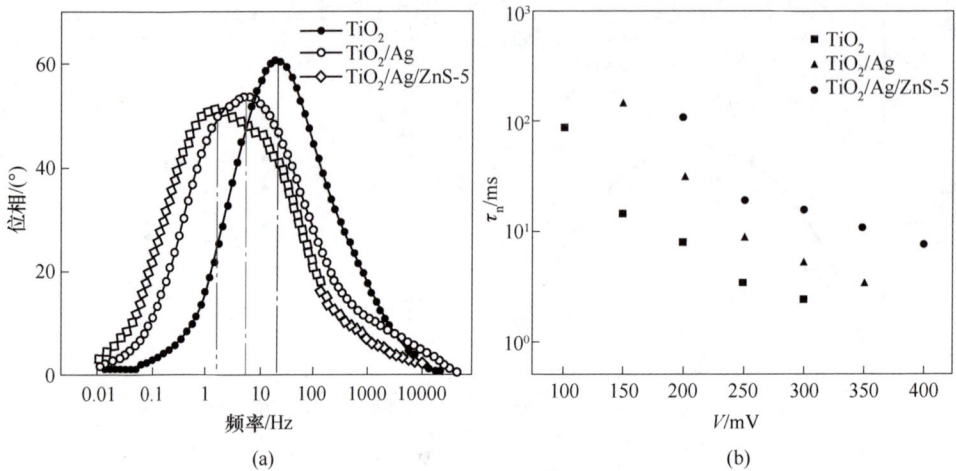

图 5-11　TiO₂、TiO₂/Ag、TiO₂/Ag/ZnS-5 纳米管紫外探测器的伯德图谱（a）
及不同偏压下不同紫外探测器的电子寿命（b）

使用 365 nm、40 mW/cm² 紫外线照射器件 10 s 后，关闭紫外线，得到 TiO₂、TiO₂/Ag、TiO₂/Ag/ZnS-5 纳米管紫外探测器的 V-T 曲线，如图 5-12 所示。

V-T 曲线代表的是开路电压随时间的衰减曲线，可以从图 5-12 中看到，电压值在紫外线照射下，保持稳定，TiO₂/Ag/ZnS-5 纳米管紫外探测器的电压值为 380 mV，而 TiO₂ 和 TiO₂/Ag 纳米管紫外探测器的电压值分别稳定在 200 mV 和 180 mV，这与图 5-9 中的 J-V 曲线结果一致。当关闭紫外线后，观察到开路电压值迅速降低，之后随着时间的延长，缓慢恢复至 0 V。其中 TiO₂/Ag/ZnS-5 纳米管紫外探测器的开路电压衰减最慢，TiO₂/Ag 纳米管紫外探测器次之，TiO₂ 纳米管紫外探测器衰减速度最快。衰减速度越慢，说明电子寿命越长，载流子越不容易复合。开路电压衰减曲线说明，金属 Ag 和 ZnS 层的存在，可以有效地延长电子寿命，抑制载流子复合，与尼奎斯特图谱和伯德图谱显示的结果一致。

在 325 nm 激发波长下，TiO₂、TiO₂/Ag、TiO₂/Ag/ZnS-5 纳米管的室温 PL 光谱如图 5-13 所示。TiO₂、TiO₂/Ag、TiO₂/Ag/ZnS-5 纳米管都具有类似的 PL 光谱

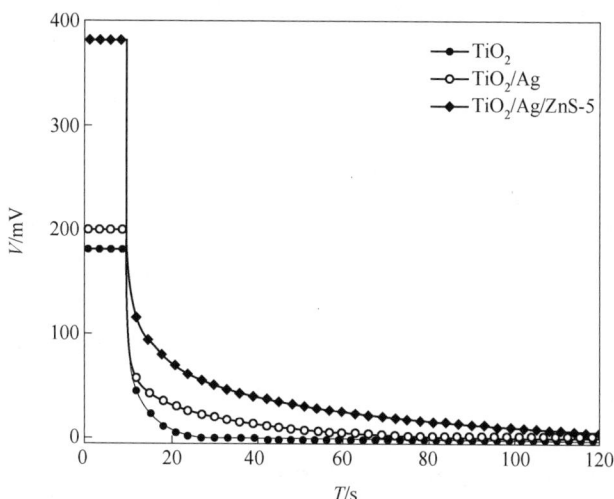

图 5-12 TiO$_2$、TiO$_2$/Ag、TiO$_2$/Ag/ZnS-5 纳米管紫外探测器的 V-T 曲线

曲线，包含 UV 发射带和宽的可见发射带。由于 TiO$_2$ 在禁带宽度附近的激子复合，其禁带宽度为 3.2 eV，对应紫外波段，因此可以在 PL 光谱中发现其 UV 发射带。此外，还可以在 450~600 nm 的可见光区域，观察到较宽的发射带，这是 TiO$_2$ 中存在的氧空位、杂质、缺陷等造成的。同时我们可以观察到，随着金属 Ag 颗粒的附着和 ZnS 层的包覆，发射强度逐渐降低，这表明金属 Ag 颗粒的附着和 ZnS 层的包覆可以有效促进界面处电荷转移，进而促进载流子的分离，并降低光生载流子复合的概率，从而使得 TiO$_2$/Ag/ZnS 纳米管紫外探测器具有较高的光电流密度。

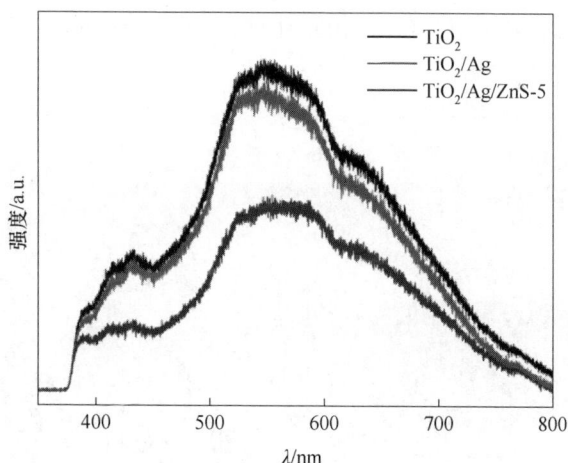

图 5-13 彩图

图 5-13 TiO$_2$、TiO$_2$/Ag、TiO$_2$/Ag/ZnS-5 纳米管
紫外探测器的 PL 图谱

基于以上的测试结果，提出了一种可能的 TiO$_2$/Ag/ZnS-5 纳米管紫外探测器的探测机理，其机理图如图 5-14 所示。当紫外线照射在 TiO$_2$/Ag/ZnS-5 纳米管阵列上时，除了 TiO$_2$，ZnS 也可以吸收能量大于自身带隙的紫外线，激发产生光生电子-空穴对，提高载流子数量，进而增大光电流密度。由于 ZnS 的价带（VB）和导带（CB）都高于 TiO$_2$，因此当 TiO$_2$ 和 ZnS 接触时，可以在二者之间形成 II 型异质结构。由于内建电场产生能带弯曲，自供能紫外探测器的电子无法跨过势垒向电解液一侧转移。在本章节中的 II 型异质结构同样可以起到这样的效果，阻止电子向电解液一侧转移。同时 II 型异质结构还可以有效地促进光生电子-空穴的分离，使电子经由外电路移动至铂电极处，抑制电荷重组。正如第 4 章提到的，金属 Ag 纳米颗粒不仅可以通过局部表面等离子体共振提高光捕获效率，而且还可以作为电子传导桥，促进电子从 ZnS 向 TiO$_2$ 一侧转移[7]。至此，电子从 ZnS 层经由金属 Ag 颗粒，迁移到 TiO$_2$ 纳米管，并通过外电路，转移至铂电极处，此时电子会和铂电极附近的 S$_n^{2-}$ 离子发生反应[8]：

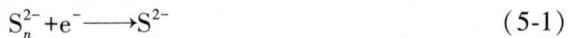

$$S_n^{2-} + e^- \longrightarrow S^{2-} \tag{5-1}$$

与此同时，在 TiO$_2$/Ag/ZnS-5 纳米管附近，空穴集中在 ZnS 表面，被多硫电解质中的 S^{2-} 离子捕捉，二者发生反应：

$$S^{2-} + h^+ \longrightarrow S_n^{2-} \tag{5-2}$$

由于在铂电极处大量的 S$_n^{2-}$ 会与电子反生成更多的 S^{2-}，因此在铂电极侧 S^{2-} 比 TiO$_2$/Ag/ZnS 纳米管附近 S^{2-} 浓度高，存在浓度梯度，S^{2-} 会在浓度梯度下向 TiO$_2$/Ag/ZnS 纳米管附近迁移。同理，在 TiO$_2$/Ag/ZnS-5 纳米管附近的 S$_n^{2-}$ 比在铂电极侧附近 S$_n^{2-}$ 的浓度高，S$_n^{2-}$ 将向铂电极一侧转移。由于 S$_n^{2-}$ 和 S^{2-} 可以再生，因此电解质无消耗，随着 S$_n^{2-}$ 和 S^{2-} 相互迁移，TiO$_2$/Ag/ZnS-5 纳米管紫外探测器实现稳定有效的紫外探测。

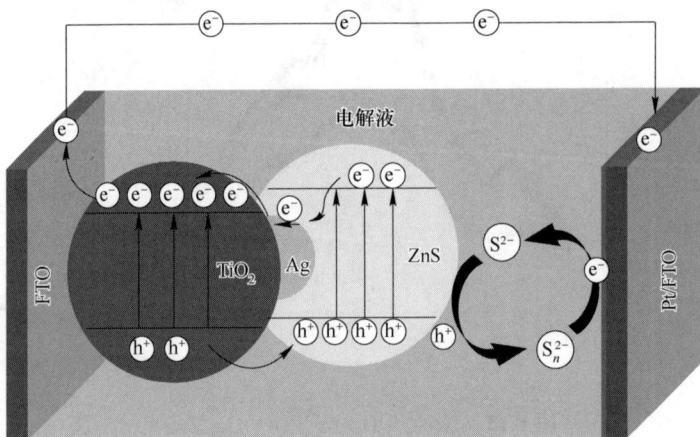

图 5-14　TiO$_2$/Ag/ZnS-5 纳米管紫外探测器的探测机理

5.4　本章小结

通过光化学沉积法和连续离子层吸收反应法成功合成了 $TiO_2/Ag/ZnS$ 纳米管，并对样品的形貌、晶体结构、元素构成等进行了表征。以 $TiO_2/Ag/ZnS$ 纳米管为光阳极，制备了 $TiO_2/Ag/ZnS$ 纳米管紫外探测器，对其紫外探测性能进行了测试，结果如下：

（1） $TiO_2/Ag/ZnS$ 纳米管分布致密，生长均匀，同时可以观察到 $TiO_2/Ag/ZnS$ 纳米管表面变粗糙，且 $TiO_2/Ag/ZnS$ 纳米管的管径比 TiO_2 纳米管管径略大，表明有 ZnS 包覆在 TiO_2/Ag 纳米管表面。XRD 结果表明，$TiO_2/Ag/ZnS$-5 纳米管由锐钛矿相 TiO_2、单质 Ag 及面心立方相的 ZnS 组成。EDS 结果表明，样品中存在 Ti、O、S、Ag、Zn 五种元素，XPS 结果表明样品中含有 TiO_2、Ag、ZnS。

（2）紫外光探测实验表明，$TiO_2/Ag/ZnS$-5 纳米管紫外探测器具有更大的光电流密度，可达 497 $\mu A/cm^2$，是 TiO_2 纳米管紫外探测器光电流密度的 10 倍。$TiO_2/Ag/ZnS$ 纳米管紫外探测器也具有更快的响应时间，上升时间和下降时间分别为 0.16 s 和 0.18 s，均优于 TiO_2 纳米管紫外探测器和 TiO_2/Ag 纳米管紫外探测器。此外，$TiO_2/Ag/ZnS$-5 纳米管紫外探测器光电流密度和光功率密度之间具有良好的线性关系，具有精准紫外探测的潜力。尼奎斯特图谱和伯德图谱表明，金属 Ag 颗粒的附着和 ZnS 的包覆，使得 $TiO_2/Ag/ZnS$-5 纳米管紫外探测器在 $TiO_2/Ag/ZnS$-5 纳米管与电解质界面处具有更大的阻抗，抑制了电子的复合。同时 $TiO_2/Ag/ZnS$-5 纳米管紫外探测器具有更高的电子寿命和更优秀的电子传输效率，因此 $TiO_2/Ag/ZnS$-5 纳米管紫外探测器具有较高的电流密度。在三种紫外探测器的 V-T 曲线中，$TiO_2/Ag/ZnS$-5 纳米管紫外探测器的开路电压随着时间衰减最为缓慢，这也表明了 $TiO_2/Ag/ZnS$-5 纳米管紫外探测器具有更低的电子-空穴复合率。PL 谱中发光强度的降低也证明了这一点。

（3） $TiO_2/Ag/ZnS$-5 纳米管紫外探测器的机理研究表明，$TiO_2/Ag/ZnS$-5 纳米管紫外探测器中，由于 TiO_2、ZnS 均可吸收光子，产生光生载流子，因此可以提高光电流密度。此外，由于电解液中的 S_n^{2-} 和 S^{2-} 在浓度梯度下相互迁移，电解液没有消耗，因此可以在无外加偏压的条件下，实现自供能紫外探测。

参 考 文 献

［1］Zhao H M, Chen Y, Quan X, et al. Preparation of Zn-doped TiO_2 nanotubes electrode and its application in pentachlorophenol photoelectrocatalytic degradation ［J］. Chinese Science Bulletin, 2007, 52 (11)：1456-1461.

［2］Ni S M, Yu Q J, Huang Y W, et al. Heterostructured TiO_2/MgO nanowire arrays for self-powered UV photodetectors [J]. RSC Advances, 2016, 6: 85951-85957.

[3] Huang Y W, Yu Q J, Wang J Z. Plasmon-enhanced self-powered UV photodetectors assembled by incorporating Ag@ SiO$_2$ core-shell nanoparticles into TiO$_2$ nanocube photoanodes [J]. ACS Sustainable Chemistry & Engineering, 2018, 6 (1): 438-446.

[4] Kheamrutai T, Pichet L, Boonlaer N. Phase characterization of TiO$_2$ powder by XRD and TEM [J]. Kasetsart J. (Nat. Sci.), 2008, 42 (5): 357-361.

[5] Yang X H, Wang L L, Yang S. Research on fabricating of Ag-microtubes modified polymer crystal opticalfibres [J]. ActaOpticaSinica, 2008, 37 (2): 265-268.

[6] Wen L P, Liu B S, Liu C, et al. Preparation, characterization and photocatalytic property of Ag-loaded TiO$_2$ powders using photodeposition method [J]. Journal of Wuhan University of Technology, 2009, 24 (2): 258-263.

[7] Chinnamuthu P, Dhar J C, Mondal A, et al. Ultraviolet detection using TiO$_2$ nanowire array with Ag schottky contact [J]. Journal of Physics D Applied Physics, 2012, 45 (13): 135102.

[8] Hou X J, Wang X F, Liu B, et al. SnO$_2$@ TiO$_2$ heterojunction nanostructures for lithium-ion batteries and self-powered UV photodetectors with improved performances [J]. Chemelectrochem, 2014, 1 (1): 108-115.

6 Bi$_2$O$_3$ 薄膜自供能型紫外探测器

6.1 引　言

　　Bi$_2$O$_3$ 作为一种常见的铋系氧化物半导体材料，禁带宽度较大，约为 2.8 eV，具有优异的紫外光响应特性[1-3]。目前关于 Bi$_2$O$_3$ 的研究多集中在光催化领域，基于光催化和光电化学自供能型探测器原理具有一定的相似性，以及 Bi$_2$O$_3$ 所具备的高折射率、良好光电导性、非线性光学性等特性，Bi$_2$O$_3$ 在紫外探测领域预期具有较大的应用潜力[4]。相较于粉末状的 Bi$_2$O$_3$ 材料，Bi$_2$O$_3$ 薄膜具有与衬底间的结合力更强、均匀性好、制作紫外探测器时工艺简单等优点。目前，可通过化学气相沉积法、磁控溅射法、溶胶-凝胶法、阳极氧化法、电沉积法等方法制备 Bi$_2$O$_3$ 薄膜[5-9]。其中磁控溅射法应用广泛、操作简单、成本低、重现性好，能以高的沉积速率制备致密度高、均匀性好、纯净度高、与衬底结合力强的薄膜材料。

　　基于上述讨论，本章将采用磁控溅射法在 FTO 衬底上制备均匀、致密的 Bi$_2$O$_3$ 薄膜，通过 XRD、SEM、EDS、Raman、UV-Vis、PL 等对其进行分析研究。制备基于 Bi$_2$O$_3$ 薄膜的自供能型紫外探测器，并测试分析其紫外探测性能。另外，本章还通过退火使 Bi$_2$O$_3$ 薄膜发生二次结晶，改善薄膜的结晶质量，提升紫外探测器的性能。

6.2 Bi$_2$O$_3$ 薄膜自供能型紫外探测器的制备及测试

6.2.1 Bi$_2$O$_3$ 薄膜的制备

　　通过磁控溅射法制备 Bi$_2$O$_3$ 薄膜，靶材为纯度达 99.99% 的 Bi$_2$O$_3$。衬底材料选用 FTO 导电玻璃。在实验前先将 FTO 导电玻璃切割成规格为 1.5 cm×2 cm 的长方形块，方便后期制作器件。之后对切割好的 FTO 导电玻璃进行清洗，清洗时依次在丙酮溶液、乙醇溶液、去离子水中超声清洗 20 min 以去除 FTO 导电玻璃上的各种杂质；然后使用风枪将 FTO 吹干后放于封闭洁净容器中备用。磁控溅射时先通过机械泵将压强抽至 20 Pa，然后使用分子泵将真空度抽至 3×10^{-3} Pa 以下，起辉成功后，调节氧气流量为 10 sccm、氩气流量为 40 sccm、溅射压强为 1 Pa、溅射时间为 20 min、分别在溅射功率为 60 W、100 W、120 W、160 W、200 W 下制备 Bi$_2$O$_3$ 薄膜。

6.2.2 Bi$_2$O$_3$ 薄膜自供能型紫外探测器的组装

将 FTO 衬底上的 Bi$_2$O$_3$ 薄膜刮出一个圆形，放上同规格大小的热封膜，再将 Pt 对电极放上去，注意含 Pt 面要正对 Bi$_2$O$_3$ 薄膜，Pt 电极上的小孔一定要在热封膜的小圆内，然后将组合体小心移动到热压台的中心位置，将热压机加热到 145 ℃，热压 14 s。之后便是碘基电解液的注入，先搅拌电解液使其混合均匀，然后使用毛细管滴加少量电解液到 Pt 对电极的小孔处，再使用薄膜真空泵将 Bi$_2$O$_3$ 薄膜和 Pt 对电极间的空气吸出，当看到小孔处不再有气泡冒出时，关闭薄膜真空泵，电解液注入两电极间后，使用胶带将小孔密封，防止电解液流出，三明治状的器件结构便制作完成，结构示意图如图 6-1 所示。

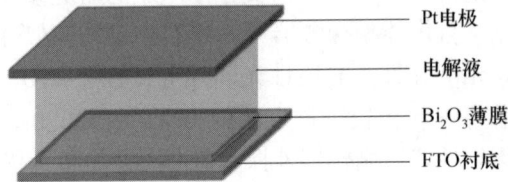

图 6-1　Bi$_2$O$_3$ 薄膜自供能型紫外探测器的结构示意图

6.3　Bi$_2$O$_3$ 薄膜的表征

6.3.1 Bi$_2$O$_3$ 薄膜的 XRD 分析

为了解 Bi$_2$O$_3$ 薄膜的晶体结构及结晶程度，我们对不同溅射功率制备的 Bi$_2$O$_3$ 薄膜进行了 X 射线衍射测试，其 XRD 图谱如图 6-2 所示。可以看出 5 种溅射功率制备的 Bi$_2$O$_3$ 薄膜具有相同的衍射峰位置，说明其具有相同的物相结构。与衬底 FTO 的 XRD 图谱对比后发现样品明显的衍射峰均来源于衬底，即图中用黑色实心圆（•）标注的位置。还可以发现样品与 FTO 衬底的 XRD 图谱在 $2\theta =$ 28°附近略有不同，FTO 衬底的 XRD 图谱十分平坦，而样品的 XRD 图谱则随着溅射功率的增大呈现为隆起程度越来越明显的"馒头峰"，这说明样品的结晶程度较差，为非晶结构。非晶结构短程有序、长程无序的结构特点使得样品在 Bi$_2$O$_3$ 特征峰处有一定强度的衍射，即图中用空心菱形（◇）标注的位置。Bi$_2$O$_3$ 薄膜为非晶状是因为磁控溅射在室温下进行，低于 Bi$_2$O$_3$ 的结晶温度，轰击出的 Bi$_2$O$_3$ 粒子能量较低，不足以移动到晶格格点位置完成结晶过程，呈现在 XRD 图谱上便是"馒头峰"。"馒头峰"随溅射功率的增大而明显可能是两方面导致的：一是其他溅射参数相同时，溅射功率越大，轰击出的 Bi$_2$O$_3$ 粒子能量越大，短程有序度更高；二是溅射功率越大，制备的 Bi_2O_3 薄膜厚度越大，从而对 X 射线的衍射强度越高。

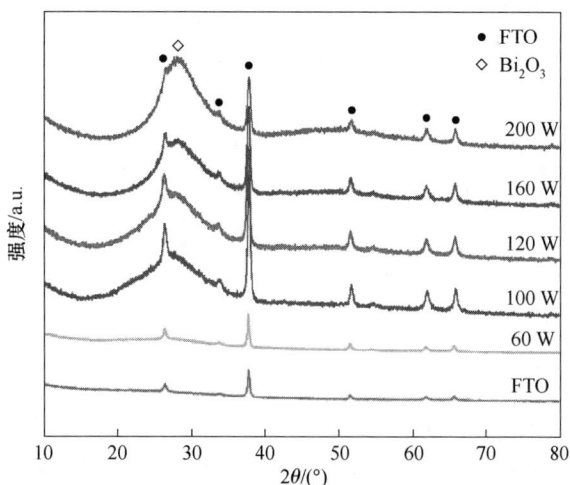

图 6-2　不同溅射功率制备的 Bi_2O_3 薄膜 XRD 图谱

6.3.2　Bi_2O_3 薄膜的 SEM 分析

采用磁控溅射法制备的 Bi_2O_3 薄膜在衬底 FTO 上分布均匀，与衬底结合牢固，颜色为黄色，且溅射功率越大，制备的 Bi_2O_3 薄膜颜色越深，可通过 SEM 图进一步分析样品的微观形貌，如图 6-3 所示。由图 6-3（a）可以看出，当溅射功率为 60 W 时，Bi_2O_3 薄膜的表面形貌为分布均匀、取向杂乱无规律的粒子，粒径尺寸均匀。随溅射功率的增大，根据图 6-3（b）~（d）可以发现表面形貌仍然为无规律分布的粒子，粒子的平均粒径无明显变化。当溅射功率增大至 200W 时，由图 6-3（e）可以看出 Bi_2O_3 薄膜的平整度较差，有些许凹陷的小坑。整体来看，室温下采用磁控溅射法制备的 Bi_2O_3 薄膜结晶性较差，为非晶状态，内部微观粒子排布混乱，这与图 6-2 XRD 图谱中的非晶"馒头峰"所反映的样品结构信息一致。

根据不同溅射功率制备的 Bi_2O_3 薄膜的截面 SEM 图可以估测 Bi_2O_3 薄膜的厚度，并计算沉积速率，如图 6-4 所示。Bi_2O_3 薄膜截面的导电性较差，测试前需对截面进行喷金处理以获得清晰的截面 SEM 图。由图 6-4（a）可以看出，当溅射功率为 60 W 时，Bi_2O_3 薄膜的截面厚度均匀（约为 457.8 nm）、平整度好、致密度优良。之后随溅射功率的增加，由图 6-4（b）~（e）可以看出，Bi_2O_3 薄膜仍然具有良好的平整度和较高的致密度，除此之外，Bi_2O_3 薄膜的厚度值不断增加，溅射功率为 200W 时，图 6-4（e）中 Bi_2O_3 薄膜的厚度高达 1093.3 nm。根据不同溅射功率制备的 Bi_2O_3 薄膜的厚度及溅射时间可以计算沉积速率，如图 6-4（f）所示。可以看出，当溅射功率较低为 60 W 时，Bi_2O_3 薄膜的沉积速

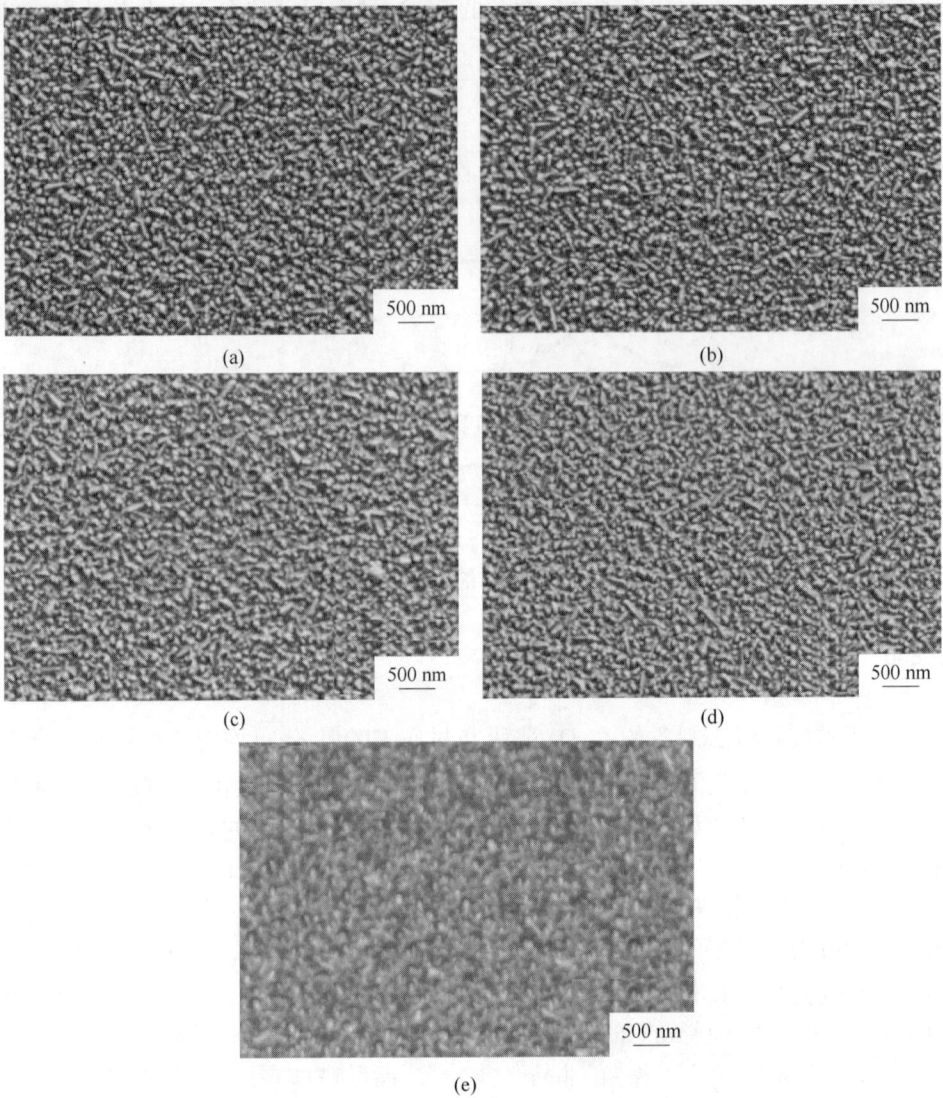

图 6-3   不同溅射功率制备的 Bi$_2$O$_3$ 薄膜的 SEM 图

(a) 60 W；(b) 100 W；(c) 120 W；(d) 160 W；(e) 200 W

率较慢，约为 23 nm/min，之后随溅射功率的增加，Bi$_2$O$_3$ 薄膜的沉积速率明显加快，当溅射功率为 200 W 时，Bi$_2$O$_3$ 薄膜的沉积速率高达 55 nm/min。这是因为当溅射功率增大后，溅射室内电场强度增大，电子动能增加，真空腔室内气体的电离率增大，相同时间内轰击 Bi$_2$O$_3$ 靶材正离子的能量增大，数量增多，从而使 Bi$_2$O$_3$ 薄膜沉积速率加快。

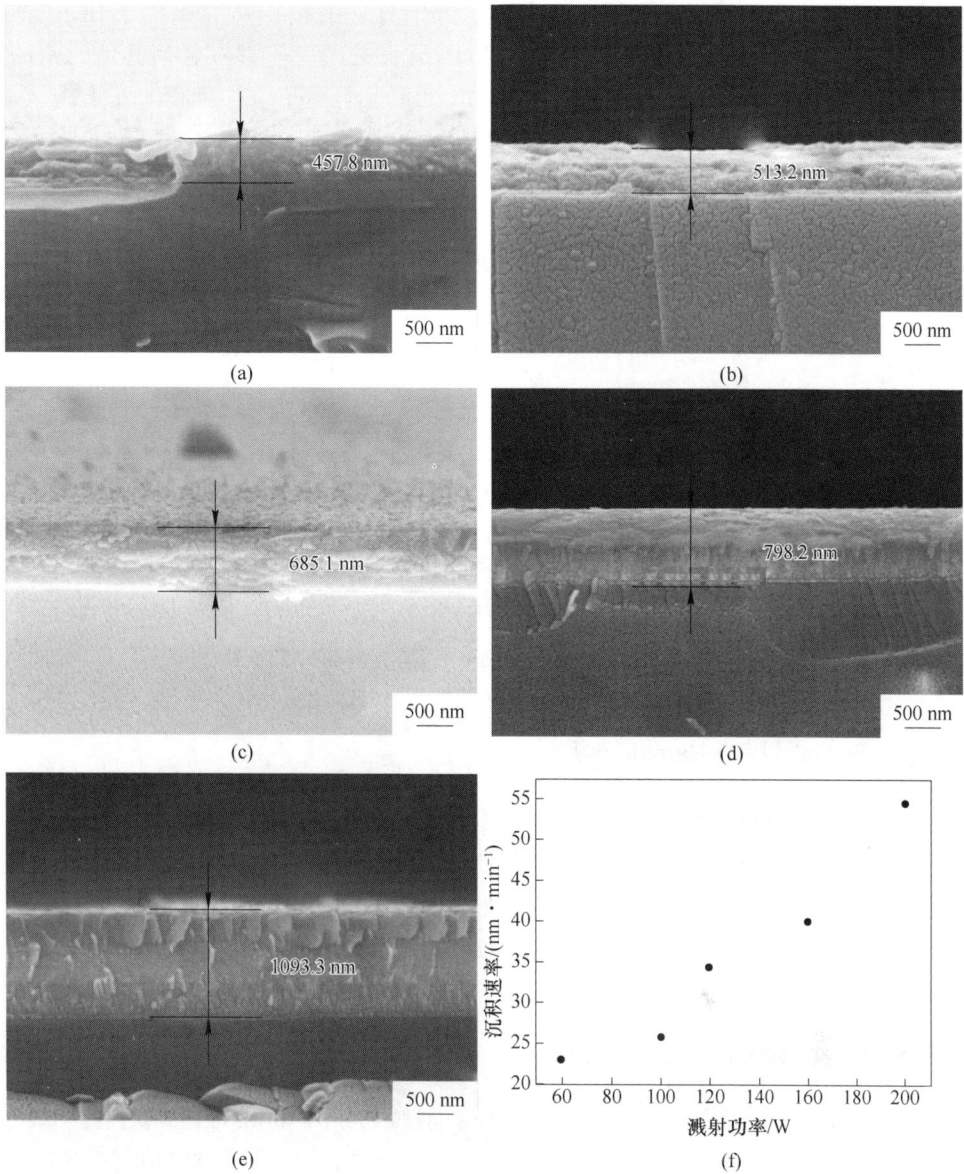

图 6-4　60 W（a）、100 W（b）、120 W（c）、160 W（d）、200 W（e）溅射功率制备的
Bi₂O₃ 薄膜的截面 SEM 图及沉积速率与溅射功率关系图（f）

6.3.3 Bi₂O₃ 薄膜的 EDS 分析

使用 EDS 能谱仪对溅射功率为 120 W 时制备的 Bi₂O₃ 薄膜进行元素成分分析，能谱图如图 6-5 所示。从图 6-5 中可以看出，其含有 4 种明显的元素峰，分

别是 O 元素、Bi 元素、Si 元素、Sn 元素，其中 O 元素和 Bi 元素来源于 Bi₂O₃ 薄膜，而 Si 元素、Sn 元素则来源于衬底 FTO。除此之外，不存在任何其他元素的特征峰，即制备的样品只含有 O 元素和 Bi 元素，符合 Bi₂O₃ 薄膜的元素组成，说明制备的 Bi₂O₃ 薄膜纯度高，无其他杂质。

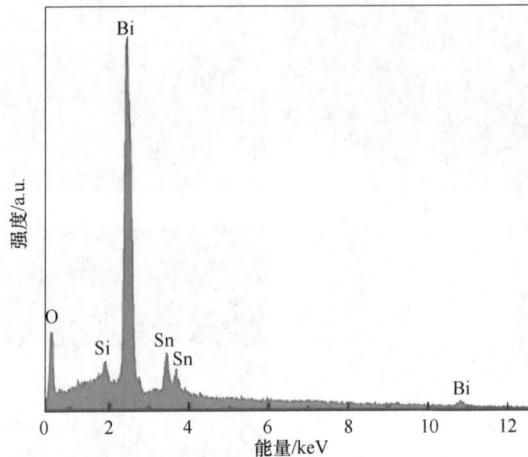

图 6-5　溅射功率为 120 W 时制备的 Bi₂O₃ 薄膜的 EDS 能谱图

6.3.4　Bi₂O₃ 薄膜的 Raman 分析

为了进一步确定 Bi₂O₃ 薄膜的物相组成，我们测定了不同溅射功率下制备的 Bi₂O₃ 薄膜的 Raman 图谱，如图 6-6 所示。可以看出不同溅射功率下制备的 Bi₂O₃ 薄膜均在 93 cm⁻¹、124 cm⁻¹、313 cm⁻¹ 处含有强烈的源于 Bi₂O₃ 的共振峰。其中 93 cm⁻¹ 处的特征峰可归因于 Bi 的 A_{1g} 振动模式，124 cm⁻¹、313 cm⁻¹ 处的特征峰可归因于 Bi₂O₃ 中 Bi—O 键的拉伸模式。

6.3.5　Bi₂O₃ 薄膜的透射光谱分析

我们测试了不同溅射功率制备的 Bi₂O₃ 薄膜的紫外-可见光透射光谱，如图 6-7 所示。可以看出 Bi₂O₃ 薄膜在可见光区的透射率很高，而在紫外线区的透射率几乎为 0，说明其能很好地吸收紫外线，适合用作紫外探测材料。除此之外，还可以发现随溅射功率的增大，Bi₂O₃ 薄膜透射图谱的吸收边发生了红移现象，这可能是随溅射功率的增加，Bi₂O₃ 薄膜厚度增加引起的，也可能是高溅射功率条件下制备的 Bi₂O₃ 薄膜的表面均匀性较差导致的。

结合不同溅射功率制备的 Bi₂O₃ 薄膜的截面厚度及透射光谱信息，可以通过式（6-1）的 Tauc 公式估算薄膜的禁带宽度，其中 B 为常数，Eg 为材料的禁带宽度，可以看出 $(\alpha h\nu)^2$ 与 $h\nu$ 成线性关系。具体过程为首先通过式（6-2）计算

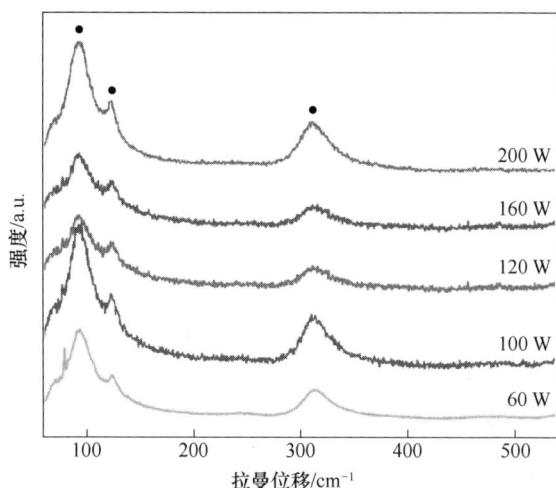

图 6-6　不同溅射功率制备的 Bi$_2$O$_3$ 薄膜的 Raman 图谱

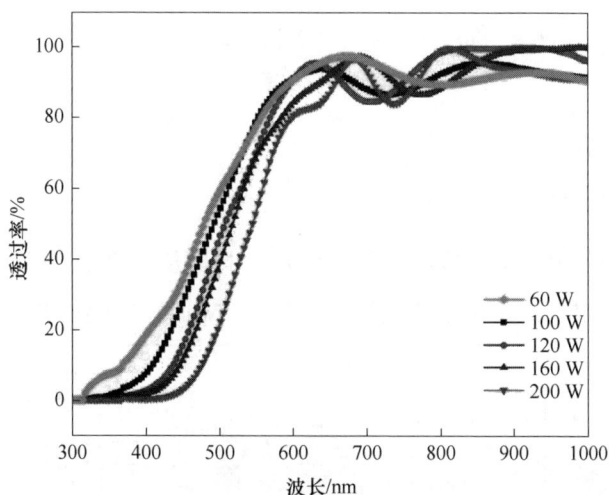

图 6-7　不同溅射功率制备的 Bi$_2$O$_3$ 薄膜的透射光谱

图 6-7 彩图

吸收系数 α，其中 t 为薄膜厚度，单位取 cm，T 为未百分化处理的透射率，然后绘制 $(\alpha h\nu)^2$ 与 $h\nu$ 的关系图，将线性关系延长至 x 轴，交点值便是薄膜的禁带宽度，详见图 6-8。可以看出，当溅射功率为 60 W 时，Bi$_2$O$_3$ 薄膜的禁带宽度约为 2.6 eV，之后随溅射功率的增加，薄膜的禁带宽度也逐渐增加，溅射功率为 200 W 时，薄膜的禁带宽度约为 3.0 eV。Bi$_2$O$_3$ 薄膜的禁带宽度之所以随溅射功率的增加而减小，可能是因为当溅射功率较低时，Bi$_2$O$_3$ 薄膜厚度较薄，薄膜内部晶格应变较大，粒子的无序性更明显，从而使材料具有更大禁带宽度。

$$(ah\nu)^2 = B(h\nu - Eg) \tag{6-1}$$

$$\alpha = \frac{1}{t}\ln(1/T) \tag{6-2}$$

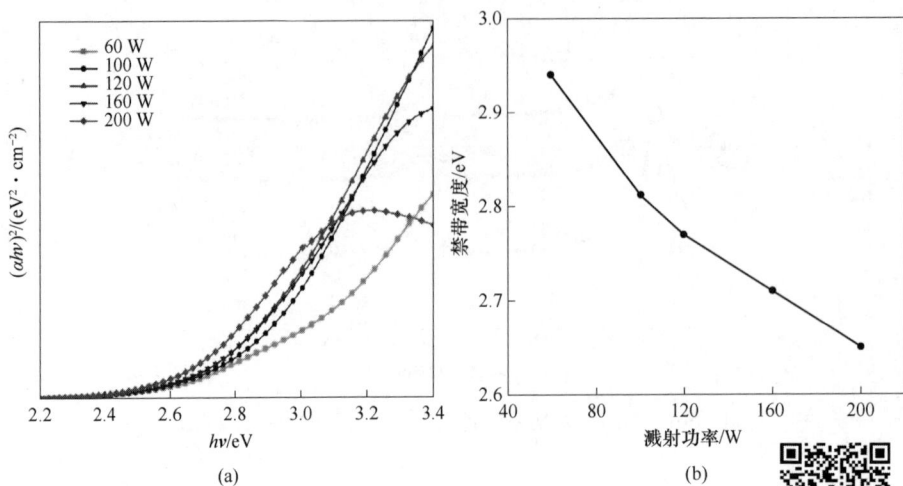

(a)　　　　　　　　　　(b)

图 6-8　$(\alpha h\nu)^2$ 与 $h\nu$ 的关系图（a）及 Bi_2O_3 薄膜
的禁带宽度与溅射功率关系图（b）

图 6-8 彩图

6.3.6　Bi_2O_3 薄膜的 PL 谱分析

　　为了更好地研究 Bi_2O_3 薄膜的光学性能，我们使用波长为 325 nm 的激光作为入射光，在室温下测定了不同溅射功率制备的 Bi_2O_3 薄膜的 PL 图谱，如图 6-9

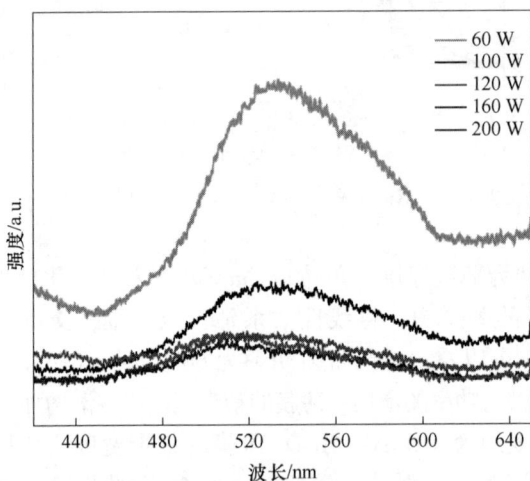

图 6-9 彩图

图 6-9　不同溅射功率制备的 Bi_2O_3 薄膜的 PL 光谱

所示。可以看出样品在 530 nm 有一发射峰，发射峰的强度越大，说明电子-空穴越容易复合，电子寿命越短。由图 6-9 可以看出，溅射功率为 60 W、100 W 时，Bi$_2$O$_3$ 薄膜的发射峰较高，而溅射功率为 120 W、160 W 时 Bi$_2$O$_3$ 薄膜的发射峰强度较低，光生载流子复合的概率较低，电子寿命长，适合用作紫外探测材料。

6.4　Bi$_2$O$_3$ 薄膜自供能型紫外探测器的性能研究

光电流密度是衡量探测器光电转化能力的一项重要指标。因此我们测定了基于不同溅射功率制备的 Bi$_2$O$_3$ 薄膜组装的自供能型紫外探测器的 J-T 曲线以分析光电流密度的大小及稳定性。测试前需将器件平稳固定在暗室中，并与 Keithley 2400 数字电源表连接。然后使用波长为 365 nm，光功率密度为 30 mW/cm^2 的紫外线作为模拟光源，在零偏压下，以 10 s 为一阶段周期性地打开、关闭模拟光源得到如图 6-10 所示的 J-T 曲线，其中纵坐标 J 代表光电流密度，横坐标 T 代表时间。

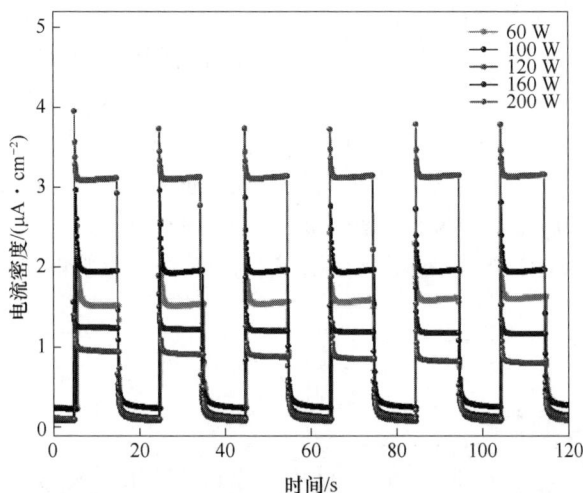

图 6-10　不同溅射功率制备的 Bi$_2$O$_3$ 薄膜紫外探测器的 J-T 曲线

可以看出 Bi$_2$O$_3$ 薄膜紫外探测器在模拟光源关闭时暗电流密度很小，几乎为 0，而当紫外模拟光源打开时，光电流密度迅速上升至较大值并且在紫外线照射期间十分稳定，模拟光源关闭后光电流密度迅速下降回到接近 0 的静默状态，如此循环 6 个周期，发现探测器在各个周期的光电流密度都很稳定且数值十分接近，没有发生衰减现象，说明其能在自供能的情况下实现对紫外光的探测。但不同溅射功率制备的 Bi$_2$O$_3$ 薄膜紫外探测器的稳定光电流密度有所差距，溅射功率为 60 W 时，光电流密度约为 1.6 μA/cm^2；之后随溅射功率的增大，光电流密度先增大后逐渐降低，如溅射功率为 120 W 时，Bi_2O_3 薄膜紫外探测器的光电流密度可达到 3.1 μA/cm²；当溅射功率为 200 W 时，光电流密度仅为 0.9 μA/ cm²。整体来看 Bi_2O_3 薄膜紫外探测器的光电流密度值偏小，其中溅射功率为 120W 时，Bi_2O_3 薄膜紫外探测器的光电流密度最大，这可能是因为溅射功率为 120W 时，制备的 Bi_2O_3 薄膜内部缺陷较少，晶格应变小，降低了载流子的复合率，同时厚度适中，不会因太薄降低光生载流子的浓度也不会因太厚使薄膜整体导电性较差。

　　除光电流密度外，还可以通过计算上升下降时间来衡量紫外探测器的响应速度，其中上升时间 $\tau_{上}$ 为从紫外探测器接收到光信号到光电流密度上升到最大光电流密度值的 63% 所用的时间；下降时间 $\tau_{下}$ 为从紫外线信号消失到光电流密度下降到最大光电流密度值的 37% 所用的时间。从图 6-10 中 5 种紫外探测器的 J-T 特性曲线中各选一个周期放大便可以计算出不同溅射功率制备的 Bi_2O_3 薄膜紫外探测器的响应时间，如图 6-11 所示。由图 6-11（a）可以看出，当溅射功率为 60 W 时，Bi_2O_3 薄膜紫外探测器的上升时间约为 36.0 ms，下降时间远大于上升时间约为 132.1 ms。由图 6-11（b）~（e）可以看出随溅射功率的增大，器件的响应速度无明显变化。结合图 6-11（f）可以看出，不同溅射功率制备的 Bi_2O_3 薄膜紫外探测器的上升时间分布在 28.3~41.1 ms；下降时间较长分布在 54.2~142.9 ms；整体来看器件的响应速度较慢，尤其是下降时间普遍较长，意味着紫外线消失后光电流密度需要较长的时间才能恢复至沉默状态。这可能是因为 Bi_2O_3 薄膜为非晶状态，缺陷较多，影响了载流子的传输速度。横向对比来看，5 个溅射功率中 120 W 时制备的 Bi_2O_3 薄膜紫外探测器的上升时间和下降时间均最短，响应速度相对较快，具有最优异的紫外探测性能，这与 J-T 曲线反映的信息一致。

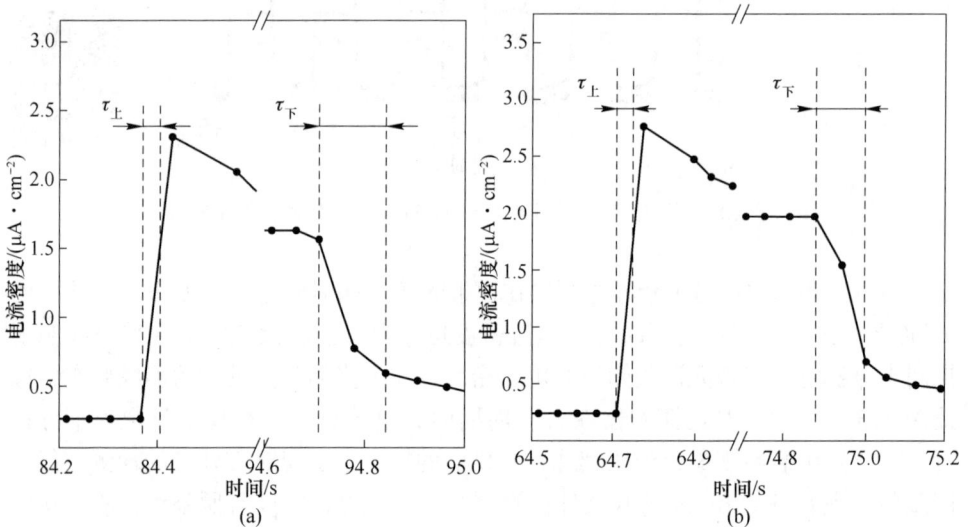

(a)　　　　　　　　　　　　　　　　(b)

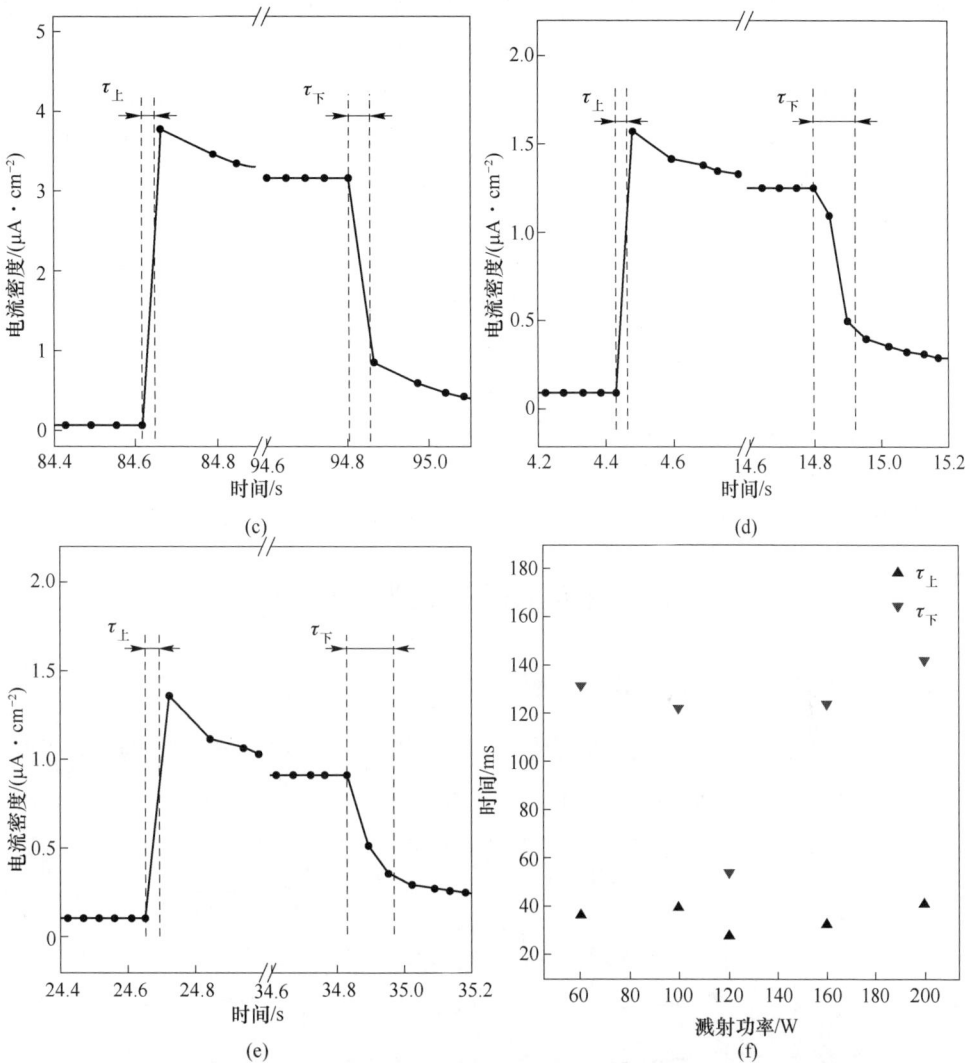

图 6-11 60 W（a）、100 W（b）、120 W（c）、160 W（d）、200 W（e）溅射功率制备的 Bi_2O_3 薄膜紫外探测器的响应时间及响应速度与溅射功率的关系图（f）

6.5 退火 Bi_2O_3 薄膜的制备

以上通过磁控溅射法在 FTO 衬底上成功制备了溅射功率为 60 W、100 W、120 W、160 W、200 W 的 Bi_2O_3 薄膜。但室温下沉积的 Bi_2O_3 薄膜 XRD 图谱只比衬底 FTO 多一个较为明显"馒头峰"，SEM 图也未观察到排列整齐的晶粒，并且基于室温下沉积的 Bi$_2$O$_3$ 薄膜制备的自供能型紫外探测器虽在紫外线的照射下能产生稳定的光电流，但光电流密度很小，最高的也只有 3.1 μA/cm^2，响应时间尤其是下降时间较长，普遍在 130 ms 左右。由此可见，Bi$_2$O$_3$ 的结晶温度较高，磁控溅射时，基片温度约为室温，沉积在 FTO 衬底上的 Bi$_2$O$_3$ 粒子能量较低不足以移动到合适的格点位置完成结晶过程，呈现无序性的非晶态，且薄膜内部缺陷多、应变大导致制备的 Bi$_2$O$_3$ 薄膜自供能型紫外探测器性能较差，难以高效、精准地探测紫外线，因此可通过改善 Bi$_2$O$_3$ 薄膜的结晶质量以提升紫外探测器的性能。

因 Bi$_2$O$_3$ 不会与空气发生反应，因此使用管式退火炉在空气氛围中对不同溅射功率制备的 Bi$_2$O$_3$ 薄膜进行退火处理。退火的具体参数如下：升温速率为 5 ℃/min 以防止升温速率过快薄膜发生龟裂现象；保温温度为 300 ℃ 防止温度过高使 Bi$_2$O$_3$ 薄膜发生相变；保温时间为 120 min 以保证有足够的时间使 Bi$_2$O$_3$ 薄膜完全退火，并完成再结晶过程。保温时间结束后使其自然降温到室温后便可取出。实验过程中我们发现相较于退火前，退火后的 Bi$_2$O$_3$ 薄膜的颜色由深黄色变为淡黄色。

6.6 退火 Bi$_2$O$_3$ 薄膜的表征

6.6.1 退火 Bi$_2$O$_3$ 薄膜的 XRD 分析

为了探究退火后 Bi$_2$O$_3$ 薄膜的晶体结构，我们对退火后的 Bi$_2$O$_3$ 薄膜进行了 X 射线衍射测试，其 XRD 图谱如图 6-12 所示。

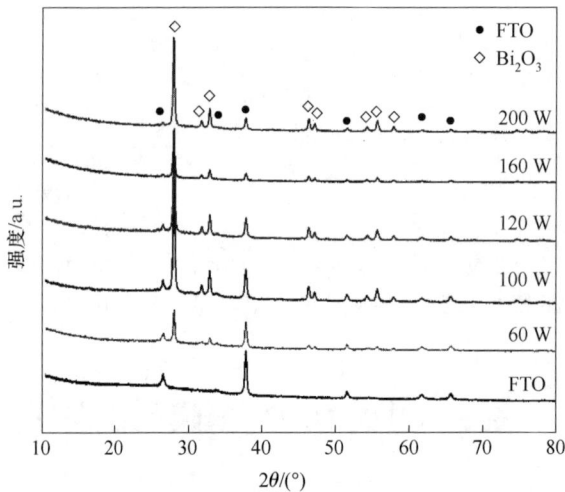

图 6-12   不同溅射功率制备的 Bi$_2$O$_3$ 薄膜退火后的 XRD 谱

可以看出 5 种不同溅射功率下制备的 Bi$_2$O$_3$ 薄膜退火后具有相同的特征衍射

峰，说明其具有相同的物相结构。结合衬底 FTO 的 XRD 图谱，发现样品在 $2\theta =$ 26.5°、34.7°、37.8°、51.5°、61.6° 和 65.6° 处的特征衍射峰来源于衬底 FTO，在图中用黑色实心圆（•）标注。除此之外还发现其在 $2\theta =$ 27.9°、31.7°、32.7°、46.2°、46.9°、54.2°、55.6°、57.8° 处的特征衍射峰和 Bi_2O_3（JCPDS NO.78-1793）相吻合，在图中用空心菱形（◇）标注，并分别对应于（201）、（002）、（220）、（222）、（400）、（203）、（213）、（402）晶面。整体来看所有退火后的 Bi_2O_3 薄膜 XRD 图谱中均无多余的杂峰，说明制备的 Bi_2O_3 薄膜的纯度很高。再与图 6-2 对照可发现退火使 Bi_2O_3 薄膜的"馒头峰"消失，取而代之的是多个明显且峰形尖锐的 Bi_2O_3 特征衍射峰，说明退火后的 Bi_2O_3 薄膜的结晶性非常好。另外，与（201）晶面对应，位于 $2\theta =$ 27.9° 处的 Bi_2O_3 特征衍射峰最为明显，为主衍射峰，且该位置也是图 6-2 中"馒头峰"的位置，说明 Bi_2O_3 在 FTO 衬底上倾向于沿（201）晶面生长。还能发现，相对而言 100W、120W、200W 的 Bi_2O_3 薄膜退火后的 XRD 图谱中的主衍射峰形状较尖锐，说明其结晶度较好。

6.6.2 退火 Bi_2O_3 薄膜的 SEM 分析

为了分析退火后 Bi_2O_3 薄膜的微观形貌，我们使用扫描电子显微镜对退火 Bi_2O_3 薄膜进行表征测试，SEM 图像如图 6-13 所示。

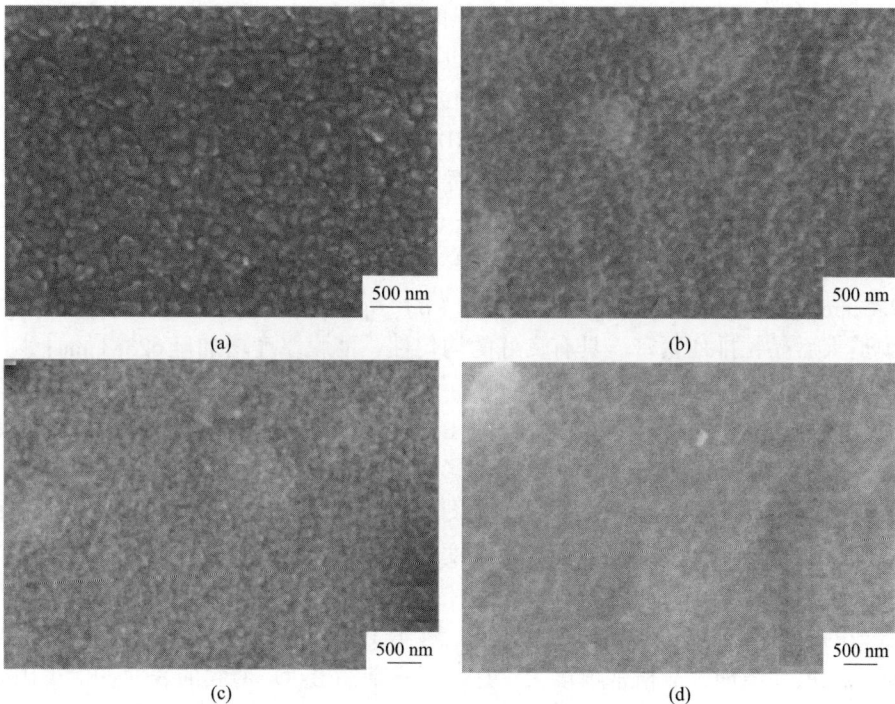

(a)

(b)

(c)

(d)

(e)

图 6-13　不同溅射功率制备的 Bi$_2$O$_3$ 薄膜退火后的 SEM 图
(a) 60 W；(b) 100 W；(c) 120 W；(d) 160 W；(e) 200 W

　　由图 6-13 (a) 可以看出，溅射功率为 60W 时，Bi$_2$O$_3$ 薄膜退火后的表面形貌为分布均匀、排列整齐的小晶粒，晶粒间连接紧密，并无裸露的衬底。随着溅射功率的增大，Bi$_2$O$_3$ 薄膜退火后的表面形貌并无较大变化，在图 6-13 (b) 和 (c) 中依然能观察到排列整齐的晶粒，粒径尺寸均匀，且晶粒排列更加紧密，Bi$_2$O$_3$ 薄膜的致密度进一步增加。当溅射功率进一步增大至 160W、200W 时，在图 6-13 (d) 和 (e) 中难以观察到清晰的晶界，Bi$_2$O$_3$ 薄膜具有较高的平整度和光滑度。与图 6-3 比较，可以发现退火后 Bi$_2$O$_3$ 薄膜的微观形貌不再是取向杂乱无序排列的小颗粒，而是排列规则的小晶粒。说明退火过程中 Bi$_2$O$_3$ 薄膜中的粒子获得了足够的能量，从而在 FTO 衬底上迁移扩散到合适的位置成核结晶生长，使薄膜由非晶态转化为晶态，这与图 6-12 Bi$_2$O$_3$ 薄膜退火后的 XRD 图谱中得出的结论一致。

　　我们测试了 Bi$_2$O$_3$ 薄膜退火后的截面 SEM 图，以估测退火后 Bi$_2$O$_3$ 薄膜的厚度。如图 6-14 所示。

　　由图 6-14 (a) 可以看出，溅射功率为 60 W 的薄膜退火后厚度均匀，约为582.5 nm，薄膜致密度较高；如图 6-14 (b) 所示，溅射功率为 100 W 的 Bi$_2$O$_3$ 薄膜退火后晶粒排列紧密，具有良好的均匀性，薄膜厚度增加至 623.1 nm；随着溅射功率的逐渐增加，结合图 6-14 (c)~(e) 可以看出退火后 Bi$_2$O$_3$ 薄膜的厚度也逐渐增加，其中溅射功率为 200 W 的 Bi$_2$O$_3$ 薄膜退火后的厚度高达 1184.3 nm。为进一步探究退火对 Bi$_2$O$_3$ 薄膜厚度的影响，结合图 6-4，我们绘制了各个溅射功率下 Bi$_2$O$_3$ 薄膜退火前后的厚度变化图，如图 6-14 (f) 所示。可以看出各个溅射功率制备的 Bi$_2$O$_3$ 薄膜在退火后厚度均增大 30~50 nm，这可能是因为原本无序紧密堆积在 FTO 衬底上的 Bi$_2$O$_3$ 粒子在退火过程中获得了足够的能量后迁移到合适的位置有序排列并成核结晶生长，生长过程中多个小晶粒合并为大晶粒，使得晶粒尺寸增加，晶格常数增大。这在退火前后 Bi$_2$O$_3$ 薄膜的表面 SEM 图中也能明显观察到，晶粒尺寸增加后的宏观表现便是退火后的 Bi$_2$O$_3$ 薄膜厚度增加。

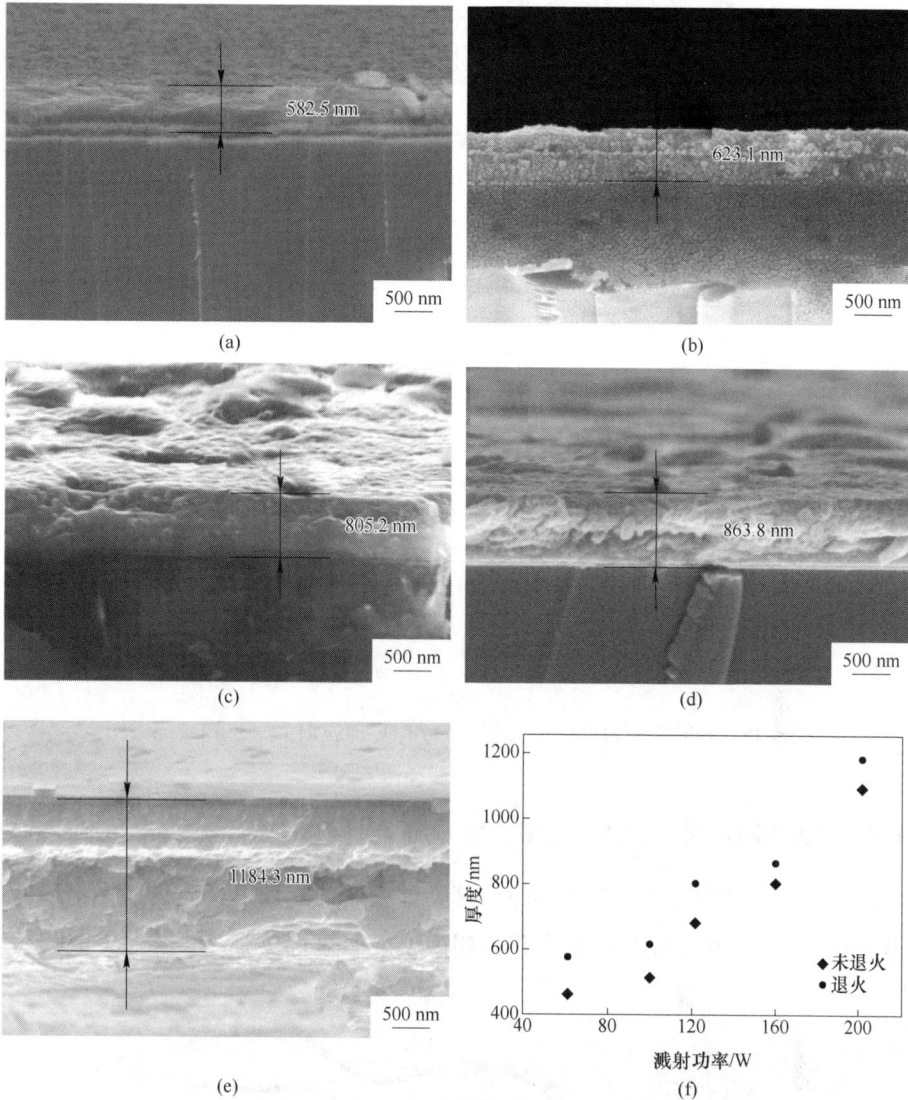

图 6-14 60 W（a）、100 W（b）、120 W（c）、160 W（d）、200 W（e）溅射功率制备的 Bi_2O_3 薄膜退火后的截面 SEM 图及截面厚度变化与溅射功率的关系图（f）

同时与图 6-4 对比还可以发现，退火后 Bi_2O_3 薄膜表面的平整度与均匀度有所下降，在图 6-14（c）~（e）的上部分能依稀观察到薄膜上的凸起和凹坑，这可能是退火过程中小部分薄膜粒子脱落引起的。

6.6.3 退火 Bi_2O_3 薄膜的 EDS 分析

为了研究退火后 Bi_2O_3 薄膜中的元素成分，我们测试了溅射功率为 120 W 时制备的 Bi₂O₃ 薄膜退火后的 EDS 能谱图，如图 6-15 所示。可以看出其含有多个明显的特征峰，来源于 4 种元素，分别是 Bi 元素、O 元素、Sn 元素、Si 元素。其中 Bi 元素和 O 元素来源于退火后的 Bi₂O₃ 薄膜，而 Si 元素和 Sn 元素则来自衬底 FTO，所含元素与图 6-5 中的一致，不存在任何其他元素的特征峰，说明退火过程中 Bi₂O₃ 薄膜只是发生了再结晶过程，并没有与空气发生反应引入其他杂质，纯度较高，这与 XRD 图谱所反映的信息一致。

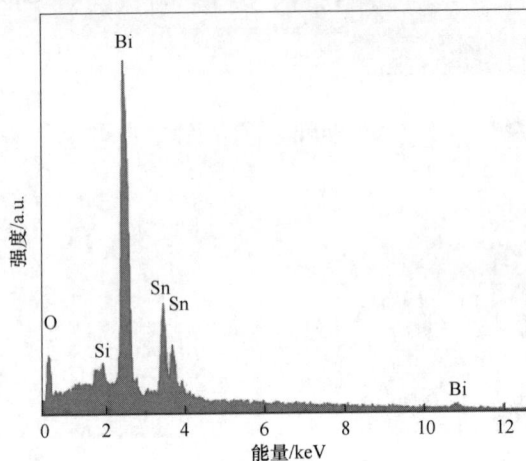

图 6-15　溅射功率为 120 W 时制备的 Bi₂O₃ 薄膜退火后的 EDS 能谱图

6.6.4　退火 Bi₂O₃ 薄膜的透射光谱分析

测试了不同溅射功率制备的 Bi₂O₃ 薄膜退火后的紫外可见光透射光谱，以研究退火后 Bi₂O₃ 薄膜光学性质的变化，测试结果如图 6-16 所示。

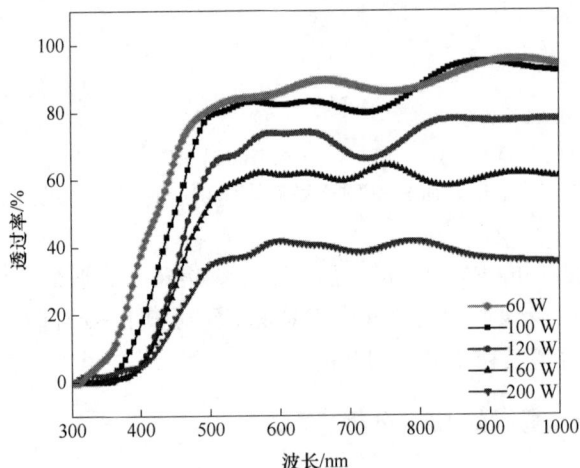

图 6-16 彩图

图 6-16　不同溅射功率制备的 Bi₂O₃ 薄膜退火后的透射光谱

可以看出 Bi$_2$O$_3$ 薄膜退火后对紫外区域的光透射率极低，几乎为 0，说明其能很好地吸收紫外线，适合用作紫外探测材料。随溅射功率的增大，退火后 Bi$_2$O$_3$ 薄膜的吸收边同样也发生了红移现象，相较于图 6-7，退火后 Bi$_2$O$_3$ 薄膜吸收边的红移程度更明显。这可能是两个方面导致的：一方面相较于退火前，退火后 Bi$_2$O$_3$ 薄膜表面均匀性更差，使得吸收边向低能量方向移动；另一方面结合退火前后薄膜的表面 SEM 图可以看出退火后 Bi$_2$O$_3$ 薄膜晶粒尺寸更大，从而使得量子尺寸效应变弱，吸收边红移更明显。还可以发现，相较于图 6-7，退火后 Bi$_2$O$_3$ 薄膜在可见光区域的透射率有所下降，且溅射功率越高，可见光区的透射率越低。这可能是由于退火过程中引入了氧空位，从而使 Bi$_2$O$_3$ 薄膜能吸收小于其禁带宽度的可见光；而溅射功率越高，退火后的薄膜厚度越大，引入的氧空位数量越多，对可见光的吸收率越高，透射率越低。

结合图 6-17 中退火后的 Bi$_2$O$_3$ 薄膜的截面厚度及图 6-7 中的透射光谱，我们通过式（6-2）计算薄膜的吸收系数后，绘制 $(\alpha h\nu)^2$ 与 $h\nu$ 的关系图，将线性关系延长至 x 轴，通过交点值估算不同溅射功率制备的 Bi$_2$O$_3$ 薄膜退火后的禁带宽度，详见图 6-17。可以看出溅射功率为 60 W 时制备的 Bi$_2$O$_3$ 薄膜退火后禁带宽度最大为 3.1 eV，之后随着溅射功率的增大，禁带宽度逐渐减小，溅射功率为 200 W 时，Bi$_2$O$_3$ 薄膜退火后的禁带宽度降至 2.65 eV，这与相关文献中通过其他方法制备的 Bi$_2$O$_3$ 材料的禁带宽度范围相吻合。退火后 Bi$_2$O$_3$ 薄膜禁带宽度随溅射功率的变化趋势与图 6-8 中退火前的趋势一致，均是随着溅射功率的升高，Bi$_2$O$_3$ 薄膜的禁带宽度减小，这可能是因为高溅射功率下制备的 Bi$_2$O$_3$ 厚度较大，晶格应变相对较小。除此之外，相较于退火前，退火后各个溅射功率制备的 Bi$_2$O$_3$ 薄膜的禁带宽度均略微增

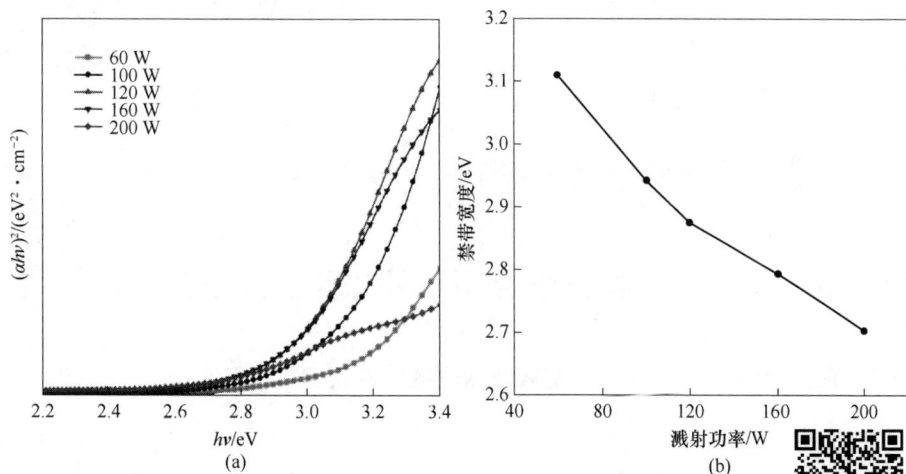

图 6-17 $(\alpha h\nu)^2$ 与 $h\nu$ 的曲线图（a）及退火后 Bi$_2$O$_3$
薄膜禁带宽度与溅射功率的曲线图（b）

图 6-17 彩图

大，这可能是因为退火使 Bi_2O_3 薄膜的晶体结构发生变化，从而其内部周期性势场的强度及能带结构也发生变化。此外，退火后 Bi_2O_3 薄膜的晶体完整度提高，缺陷减少，薄膜内部的缺陷能级也减少，这也可能导致退火后 Bi_2O_3 薄膜的禁带宽度增大。

6.6.5　退火 Bi_2O_3 薄膜的 PL 分析

我们使用波长为 325 nm 的激光作为入射光，在室温下测定了不同溅射功率制备的 Bi_2O_3 薄膜退火后的 PL 图谱，如图 6-18 所示。可以看出 Bi_2O_3 薄膜退火后在 530 nm 有一发射峰，发射峰的强度越大，说明电子-空穴越容易复合，寿命越短。由图可以看出溅射功率为 60 W、160 W 时，Bi_2O_3 薄膜退火后的发射峰较高，而溅射功率为 100 W、120 W 时，Bi_2O_3 薄膜退火后的发射峰强度较低，说明其光生载流子复合概率较低，电子寿命长，适合用作紫外探测材料。结合图 6-12，可以发现溅射功率为 100 W、120 W 时制备的 Bi_2O_3 薄膜退火后的结晶性也较好，因此预期其具有较好的紫外探测能力。

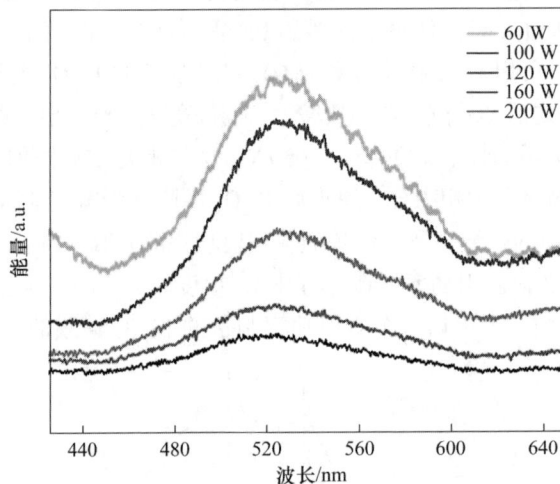

图 6-18　不同溅射功率制备的 Bi_2O_3 薄膜退火后的 PL 图谱

6.7　退火 Bi_2O_3 薄膜自供能型紫外探测器的制备及性能研究

6.7.1　退火 Bi_2O_3 薄膜自供能型紫外探测器的制备

本章节中的自供能型紫外探测器仍使用 Pt 对电极和碘基电解液，光阳极则变为退火后的 Bi_2O_3 薄膜。将退火后的 Bi_2O_3 薄膜、热封膜、Pt 对电极中心重合，叠放在热压台中心，使用热压机在 145 ℃下热压 14 s，再注入电解液，密封 Pt 对电极上的小孔即完成器件制备。结构示意图与图 6-1 相似。

6.7.2 退火 Bi_2O_3 薄膜自供能型紫外探测器的性能研究

我们使用波长为 365 nm、光功率密度为 30 mW/cm^2 的紫外线作为模拟光源，测试基于不同溅射功率制备的 Bi_2O_3 薄膜退火后组装的自供能型紫外探测器的光电流密度，测试时以 10 s 为一阶段周期性地打开、关闭模拟光源。结果如图 6-19 所示，其中纵坐标 J 代表光电流密度，横坐标 T 代表时间。由图 6-19（a）可以看出，当没有紫外线信号时，溅射功率为 60 W 时，退火 Bi_2O_3 薄膜紫外探测器的光电流密度几乎为 0，处于沉默状态，而当接收到紫外线信号后，光电流密度迅速上升至较大值并稳定在 282.6 $\mu A/cm^2$ 左右，紫外线信号消失后，光电流密度迅速下降至 0 附近，再次回到沉默状态。循环 6 个周期发现，光电流密度并无衰减，始终稳定在 282.6 $\mu A/cm^2$。当溅射功率增大至 100 W、120 W 后，由图 6-19（b）和（c）可以看出，探测器在接收到紫外线信号时光电流密度能迅速增大并在 6 个周期中无衰减保持稳定，稳定光电流值分别为 670.2 $\mu A/cm^2$、727.6 $\mu A/cm^2$。而当溅射功率继续增大至 160 W、200 W 时，由图 6-19（d）和（e）可以看出探测器仍然具有良好的稳定性和重复性，光电流密度值分别稳定在 529.3 $\mu A/cm^2$、383.7 $\mu A/cm^2$，相较于图 6-19（c），光电流密度值有所下降。此外，图 6-19 中各个 J-T 曲线中均能看到多条几乎与 x 轴垂直的线段，这说明基于退火 Bi_2O_3 薄膜制备的各个紫外探测器均能快速地响应紫外线，具有很好的灵敏度。且相较于退火前，退火 Bi_2O_3 薄膜紫外探测器的光电流密度大幅度提升，退火前 Bi_2O_3 薄膜紫外探测器的最大光电流密度仅为 3.1 $\mu A/cm^2$，而退火后紫外探测器的光电流密度大幅度增加至 282.6 ~ 727.6 $\mu A/cm^2$。这说明退火后的 Bi_2O_3 薄膜由于结晶度的提高，缺陷数量的减少，紫外探测性能大幅度提升。

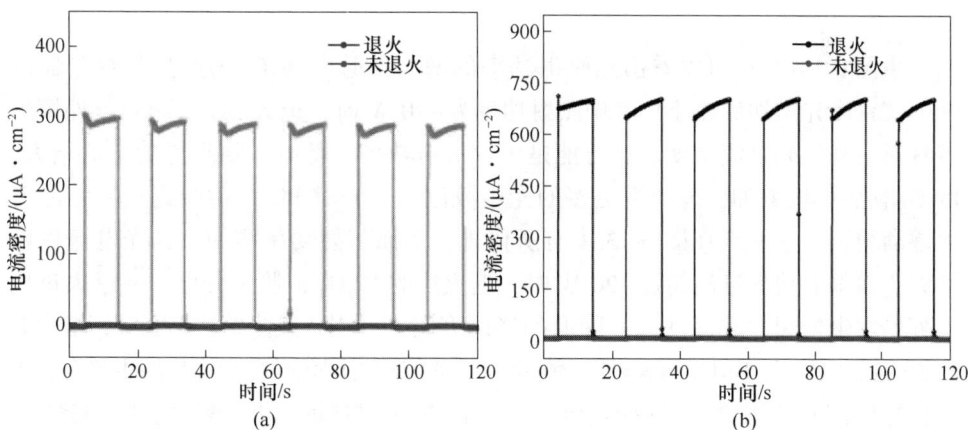

(a)

(b)

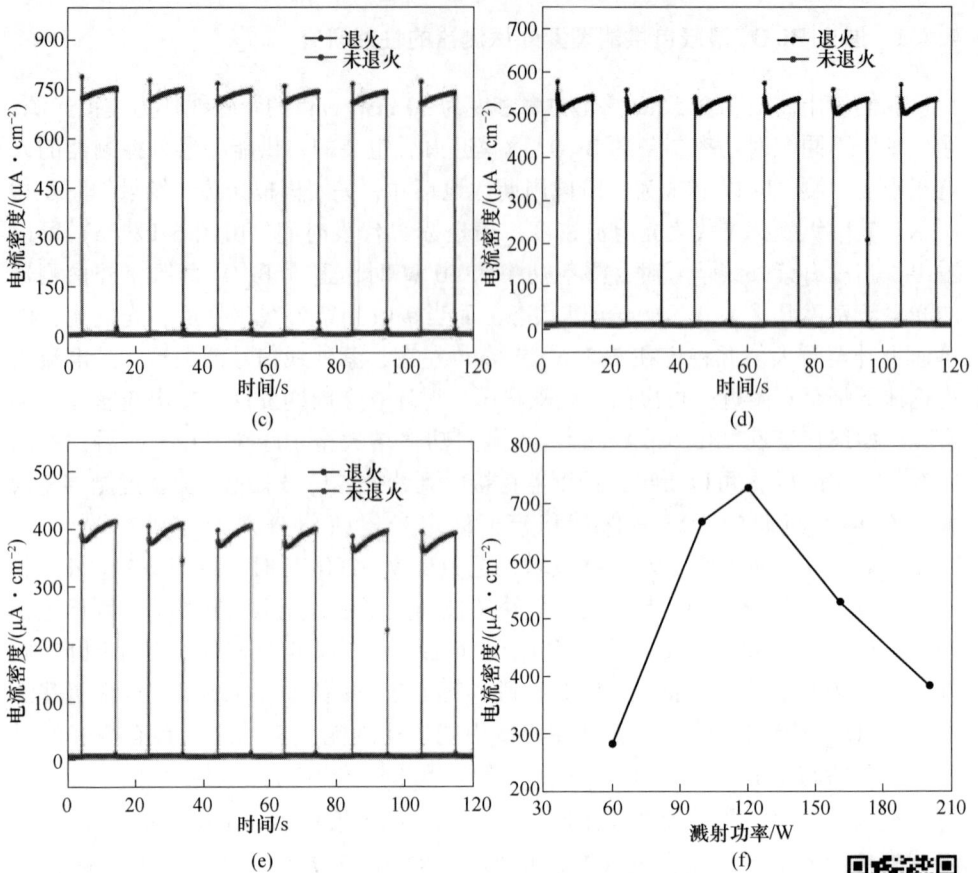

图 6-19   60 W（a）、100 W（b）、120 W（c）、160 W（d）、200 W（e）溅射功率制备的退火 Bi$_2$O$_3$ 薄膜紫外探测器的 J-T 曲线及光电流密度与溅射功率的曲线图（f）

图 6-19 彩图

由图 6-19（f）可以看出随溅射功率的增大，退火 Bi$_2$O$_3$ 薄膜紫外探测器的光电流密度先增加后减小，其中溅射功率为 120 W 时，退火 Bi$_2$O$_3$ 薄膜紫外探测器具有最高的光电流密度。这可能是因为溅射功率较低时，随溅射功率的增大，Bi$_2$O$_3$ 薄膜厚度增加，能产生更多的光生载流子，同时 Bi$_2$O$_3$ 薄膜退火后结晶度也逐渐增强，这一点在图 6-13 中有所体现，从而溅射功率增加时，光电流密度增大；而溅射功率过高超过 120 W 时，退火后的 Bi$_2$O$_3$ 薄膜十分厚，在退火过程中容易发生龟裂、脱落现象，降低晶格的完整性，引入较多的缺陷能级，增大载流子的复合率，且 Bi$_2$O$_3$ 薄膜过厚会使载流子的传输时间延长，更容易发生复合，因此溅射概率过大时随溅射功率的增加，退火后 Bi$_2$O$_3$ 薄膜的光电流密度呈下降趋势。

响应速度对于紫外探测器也很重要，我们放大图 6-19 中 J-T 图像的某个周期

得到了退火 Bi_2O_3 薄膜紫外探测器的上升及下降时间图，如图 6-20 所示。

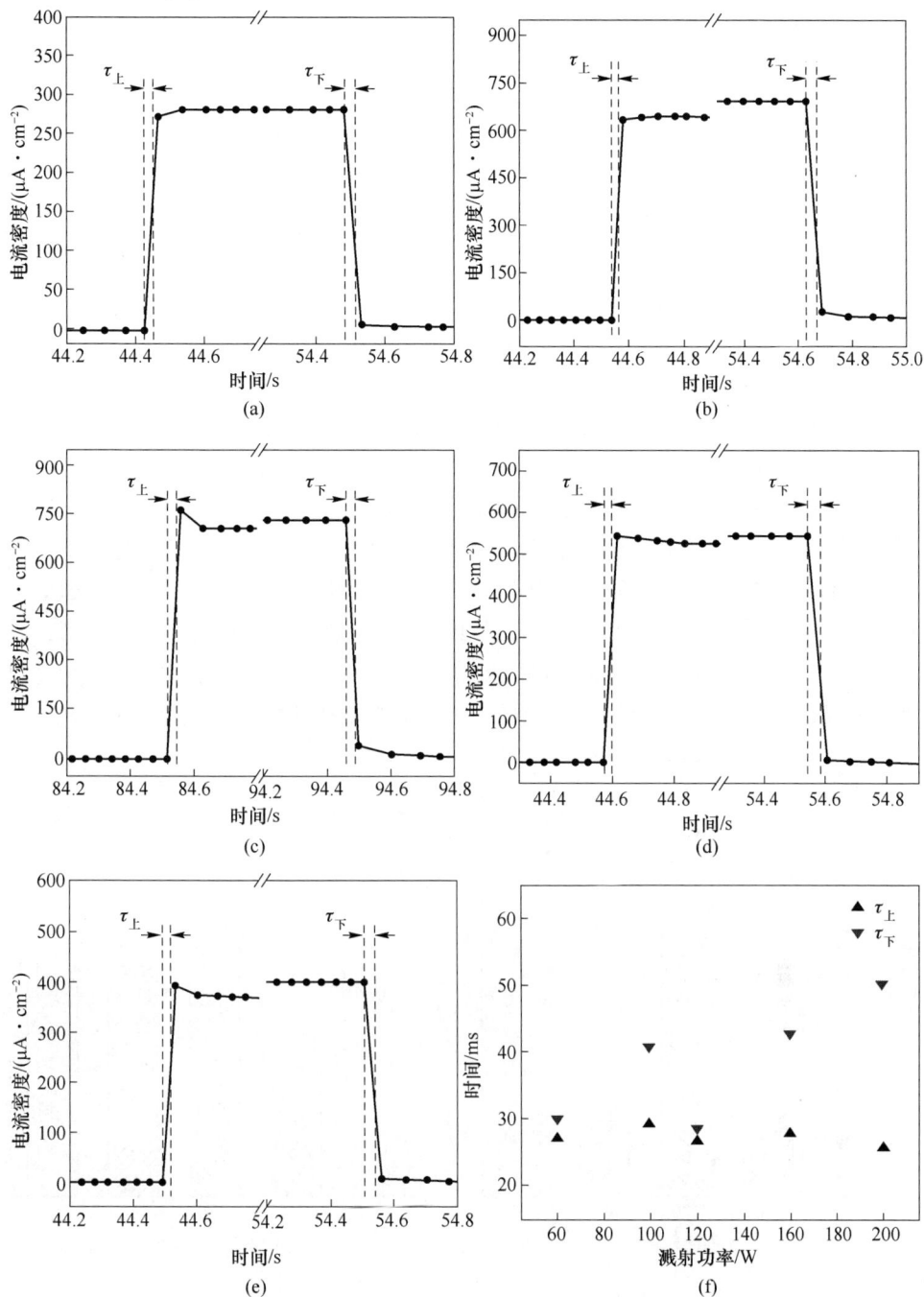

图 6-20 60 W（a）、100 W（b）、120 W（c）、160 W（d）、200 W（e）溅射功率制备的退火 Bi_2O_3 薄膜紫外探测器的响应时间及响应时间与溅射功率的关系图（f）

　　由图 6-20（a）可以发现溅射功率为 60 W 时，退火 Bi_2O_3 薄膜紫外探测器的响应速度较快，上升时间仅为 27 ms，下降时间仅为 30 ms；之后随溅射功率的增加，响应时间不尽相同但都较短。由图 6-20（f）可以看出，退火 Bi_2O_3 薄膜紫外探测器的上升时间分布在 36~41 ms，下降时间分布在 28~58 ms。而由图 6-11（f）可以看出未退火的 Bi_2O_3 薄膜紫外探测器的上升时间分布在 36~41 ms，下降时间则分布在 54~143 ms，均比退火 Bi_2O_3 薄膜紫外探测器的响应时间长。这说明 Bi_2O_3 薄膜退火后结晶度提升，缺陷减少，载流子运输速度加快，从而加快紫外探测器的响应速度，大幅度缩短响应时间尤其是下降时间。除此之外，由图 6-20（f）还可以看出溅射功率为 120 W 时，退火 Bi_2O_3 薄膜紫外探测器具有最快的响应速度，这可能是因为溅射功率为 120 W 时，Bi_2O_3 薄膜厚度适中，结晶度较好，晶格完整度高。

　　根据退火前后 Bi_2O_3 薄膜紫外探测器的光电流强度和暗电流强度，按照式（6-1）计算了退火前后 Bi_2O_3 薄膜紫外探测器的光暗电流比，以分析器件的灵敏度，如图 6-21 所示。可以看出退火前 Bi_2O_3 薄膜紫外探测器的光暗电流比较低，其中溅射功率为 120 W 时，Bi_2O_3 薄膜紫外探测器具有最高的光暗比，为 31.7。而退火 Bi_2O_3 薄膜紫外探测器的光暗比得到明显改善，普遍提升 2~3 个数量级，其中溅射功率为 120 W 时，退火 Bi_2O_3 薄膜紫外探测器的光暗比最高，为 4.09×10^3。说明退火后由于 Bi_2O_3 薄膜结晶度的提高和缺陷的减少，器件的灵敏度也大幅度提升，其中溅射功率为 120 W 时，Bi_2O_3 薄膜晶体质量及光暗比最为优异。

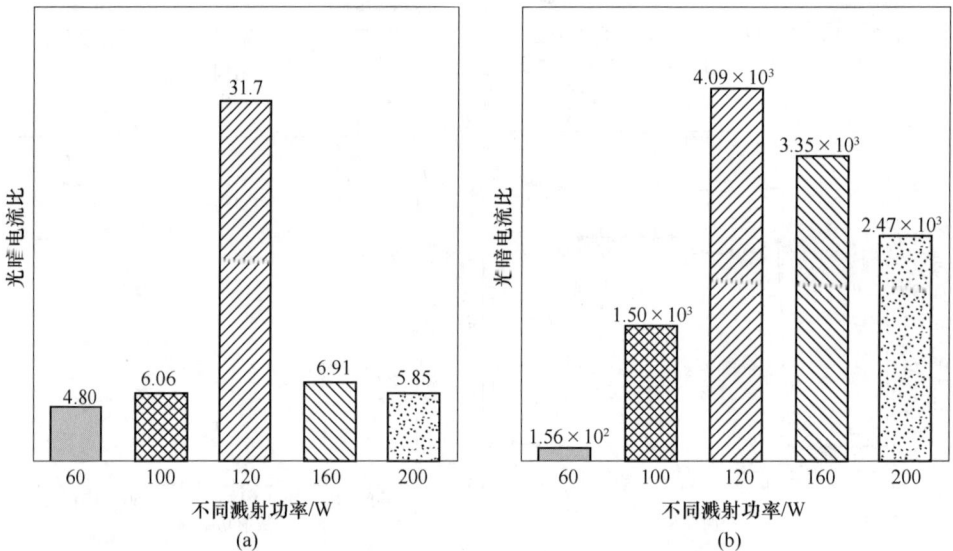

图 6-21　不同溅射功率制备的 Bi_2O_3 薄膜退火前后紫外探测器的光暗电流比

（a）未退火；（b）退火后

已知模拟光源的光功率及退火前后 Bi_2O_3 薄膜紫外探测器的光电流强度和暗电流强度信息，我们按照式（6-2）对其响应度进行计算，以探究其将紫外线转化为电信号的能力，如图 6-22 所示。可以看出未退火时，Bi_2O_3 薄膜紫外探测器的响应度为 $2.46 \times 10^{-5} \sim 1.01 \times 10^{-4}$ A/W，而退火 Bi_2O_3 薄膜紫外探测器的响应度为 $9.36 \times 10^{-3} \sim 2.42 \times 10^{-2}$ A/W，普遍提升了 2~3 个数量级。并且溅射功率为 120 W 的 Bi_2O_3 薄膜不论是在退火前还是在退火后，均具有最高的响应度，进一步说明该功率下制备的 Bi_2O_3 薄膜具有最佳的晶体质量和紫外探测性能。

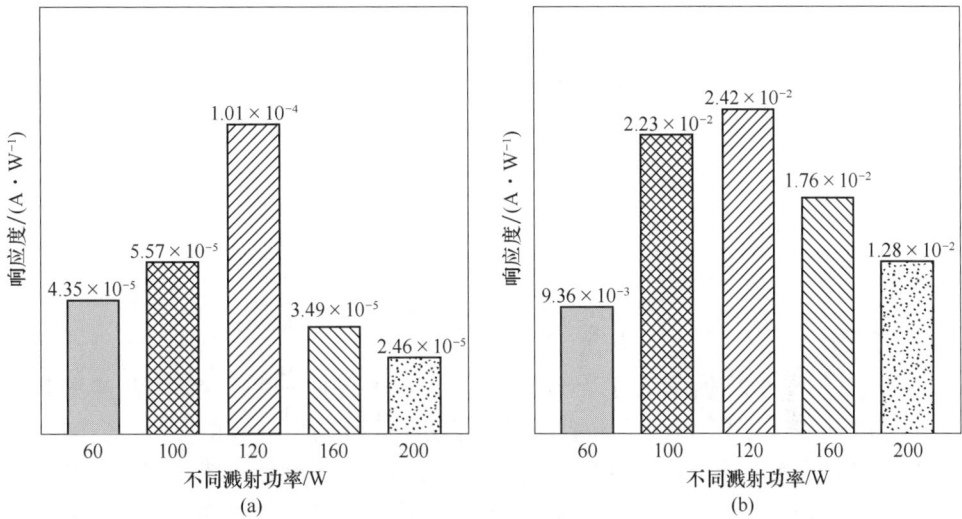

图 6-22 不同溅射功率制备的 Bi_2O_3 薄膜退火前后紫外探测器的响应度

（a）未退火；（b）退火后

紫外探测器能否有效地探测微弱紫外线信号也很重要，因此根据响应度、器件有效探测面积、元电荷量等信息计算了退火前后 Bi_2O_3 薄膜紫外探测器的比探测率，如图 6-23 所示。可以看出退火前 Bi_2O_3 薄膜紫外探测器的比探测率为 $1.22 \times 10^8 \sim 5.78 \times 10^8$ Jones，其中溅射功率为 120 W 时，Bi_2O_3 薄膜紫外探测器的比探测率最高为 5.78×10^8 Jones。而退火后得益于薄膜缺陷的减少和晶体质量的提高，Bi_2O_3 薄膜紫外探测器的比探测率普遍提升 2~3 个数量级，分布范围也增大至 $1.23 \times 10^{10} \sim 1.02 \times 10^{11}$ Jones，其中溅射功率为 120 W 时，退火 Bi_2O_3 薄膜紫外探测器的比探测率最高，对微弱紫外线的探测能力最强。

不同溅射功率下，退火 Bi_2O_3 薄膜紫外探测器的 J-T 曲线、响应时间、光暗电流比、响应度及比探测率等结果表明，溅射功率为 120 W 时，退火 Bi_2O_3 薄膜具有最优异的紫外探测性能。为进一步探究其在不同光功率密度紫外线下的光电流密度，使用波长为 365 nm，不同光功率密度的紫外线作为模拟光源，测试其

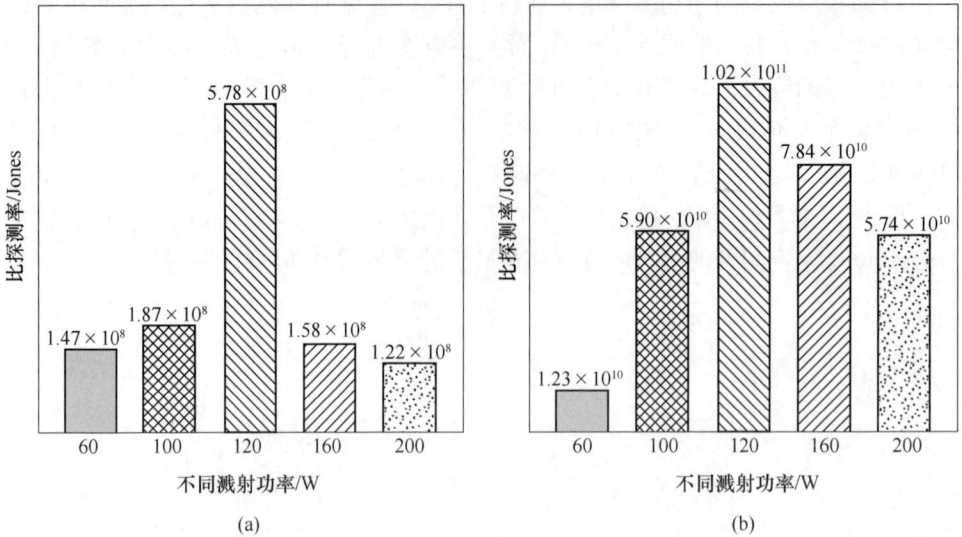

图 6-23　不同溅射功率制备的 Bi_2O_3 薄膜退火前后紫外探测器的比探测率

（a）未退火；（b）退火后

J-T 曲线，如图 6-24 所示。可以看出当模拟光源关闭时，紫外探测器处于沉默状态，光电流密度几乎为 0，当接收到不同光功率密度的紫外线信号后，探测器的光电流密度迅速上升至较大值并保持稳定，模拟光源关闭后，紫外探测器又回归至沉默状态，光电流密度迅速降低至 0 附近，多次循环后，能在 J-T 曲线中观察到多条几乎垂直于 x 轴的线段，这说明该紫外探测器在不同光功率密度的紫外线下均具有非常快的响应速度。还可以发现，当紫外光功率密度低至 5 mW/cm² 时，该探测器仍具有 239 μA/cm² 的光电流密度，之后随紫外光功率密度的增加，探测器的光电流密度也逐渐增加，当光功率密度达到 40 mW/cm²，光电流密度高达 954 μA/cm²，且 6 个周期中，不同光功率密度下紫外探测器的光电流密度值十分稳定，并无衰减现象，说明该探测器具有良好的重复性，能在自供能的情况下对较弱或较强的紫外线进行稳定有效的探测。

　　为了解该紫外探测器光电流密度和光功率密度的线性相关程度，我们绘制了光电流密度和光功率密度的散点图，并对其进行拟合，拟合结果如图 6-25 所示。可以看出光电流密度和紫外线的光功率密度间存在非常好的线性关系，这意味着该探测器能对紫外线进行定性的精准探测。具体来讲就是认为在更低或者更高的紫外光功率密度下，光电流密度和紫外光功率强度间的线性关系仍然成立且固定不变。当该探测器接收到紫外线照射并产生光电流后，可以根据光电流密度的具体数值和已知的线性关系反推出紫外线的光功率密度，从而实现精准探测紫外线。除此之外，我们还可以看出当紫外光功率密度低至 5 mW/cm² 时，该探测器

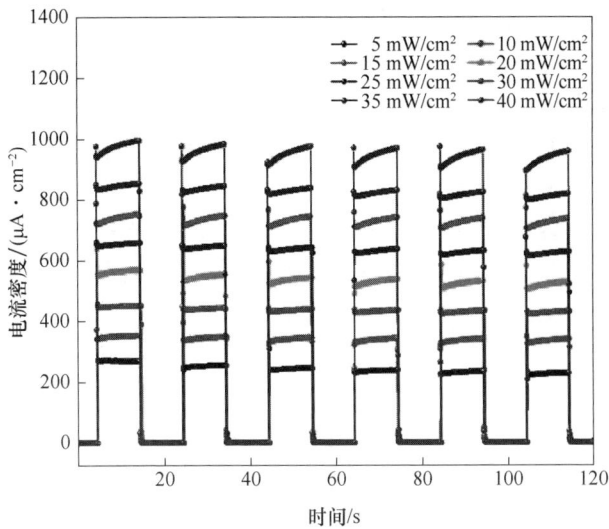

图 6-24 溅射功率为 120 W 时退火 Bi_2O_3 薄膜紫外探测器
不同光功率密度下的 *J-T* 曲线

的光电流密度也能达到较大值 239 $\mu A/cm^2$，说明该探测器精准探测的范围较广，能够有效探测到较弱的紫外线。

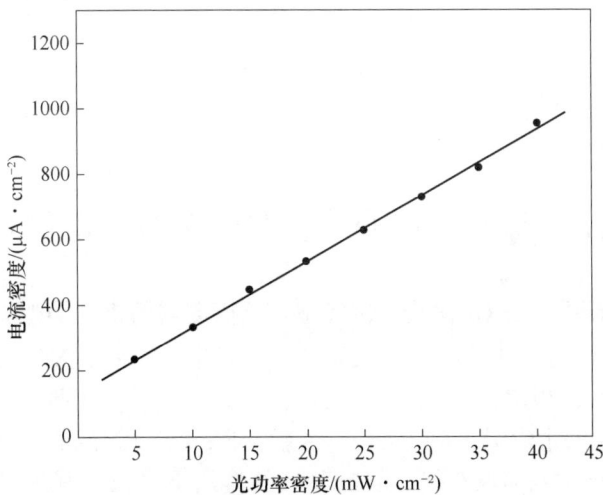

图 6-25 光电流密度与光功率密度的拟合曲线

对于自供能型紫外探测器而言，电子寿命是器件光电流密度的一项重要影响因素。为了探究退火对 Bi_2O_3 薄膜紫外探测器中电子寿命的影响，我们测试了溅射功率为 120 W 时，Bi_2O_3 薄膜退火前后紫外探测器的阻抗数据并绘制了伯德图谱，如图 6-26 所示。伯德图的横坐标为对数化的频率值，纵坐标为相位，由式 (4-1) 可知，探测器的电子寿命和横坐标对应的频率成反比关系。图 6-26 中 120 W 时制备的 Bi$_2$O$_3$ 薄膜退火前紫外探测器伯德图的峰值对应的横坐标频率为 3.33 Hz，退火 Bi$_2$O$_3$ 薄膜紫外探测器伯德图的峰值对应的横坐标频率为 2.17 Hz。说明退火后 Bi$_2$O$_3$ 薄膜紫外探测器中的电子寿命大于未退火 Bi$_2$O$_3$ 薄膜紫外探测器中的电子寿命，即电子在退火后的 Bi$_2$O$_3$ 薄膜中传输需要更长的时间。说明 Bi$_2$O$_3$ 薄膜退火后得益于晶体结构的改变和结晶度的提高，其具有更优异的电子传输能力和紫外探测性能。

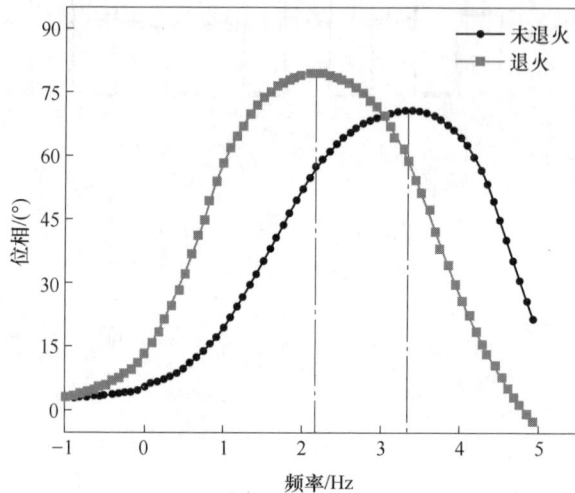

图 6-26　溅射功率为 120 W 时 Bi$_2$O$_3$ 薄膜退火前后紫外探测器的伯德图

6.8　退火 Bi$_2$O$_3$ 薄膜自供能型紫外探测器的机理研究

其机理与未退火 Bi$_2$O$_3$ 薄膜自供能型紫外探测器的机理类似，当紫外线照射到工作电极上时，退火后的 Bi$_2$O$_3$ 薄膜会产生光生电子-空穴对。由于碘基电解液的功函数与退火后 Bi$_2$O$_3$ 薄膜的功函数存在差异，电子会在两者之间迁移，迁移的结果便是形成一个由退火后的 Bi$_2$O$_3$ 薄膜指向碘基电解液的空间电荷区的电场方向。光生电子-空穴对便在该空间电荷区的作用下分离，其中光生电子由退火后的 Bi$_2$O$_3$ 薄膜传至 FTO 衬底后经由外电路流向 Pt 电极，并与 Pt 电极附近电解液中的 I$_3^-$ 发生反应生成 I$^-$，而光生空穴则逐渐转移至退火后 Bi$_2$O$_3$ 薄膜表面，并与薄膜表面附近电解液中的 I$^-$ 反应生成 I$_3^-$。整个过程中，该器件在不消耗电解液中 I$^-$ 和 I$_3^-$ 及无外加偏压的情况下，将紫外线信号转化为电信号。

相较于 Bi$_2$O$_3$ 薄膜紫外探测器，本章节仅对探测材料 Bi$_2$O$_3$ 薄膜进行了退火处理。退火后 Bi_2O_3 薄膜结构发生改变，由非晶状态转化为晶态，结晶度提高，缺陷数量减少。得益于退火后 Bi_2O_3 薄膜质量的改善，其对紫外线的响应度也得到提升，相同光功率密度的紫外线照射时，其可以产生更多的光生电子-空穴对。而且退火后 Bi_2O_3 薄膜与碘基电解液间空间电荷区的电场强度更大，从而可以更快地分离光生电子-空穴对，降低其复合率。除此之外，由响应时间及伯德图我们还可以看出退火后的 Bi_2O_3 薄膜具有更快的紫外光响应速度及更加优良的电子传输性能。这都使得退火后 Bi_2O_3 薄膜自供能紫外探测器的性能相较于退火前大幅度提升。

6.9　本章小结

本章中，在室温下通过磁控溅射法在 FTO 衬底上制备了溅射功率为 60 W、100 W、120 W、160 W、200 W 的 Bi_2O_3 薄膜，并对各个溅射功率制备的 Bi_2O_3 薄膜进行退火处理，以提升薄膜的结晶度。结合 XRD、SEM、UV-Vis 等测试结果对退火前后的 Bi_2O_3 薄膜进行表征分析，把退火前后的 Bi_2O_3 薄膜组装了紫外探测器，测试分析了器件的探测性能，并探究了器件的探测机理，得到以下结论：

（1）XRD、SEM、EDS 等表征结果表明室温下沉积的 Bi_2O_3 薄膜均匀性和平整度较好，表面形貌为取向杂乱无序排列的粒子，呈现非晶状态，不含其他杂质，纯度较高，禁带宽度分布在 2.6~3.0 eV，能较好地吸收紫外线，适合用作紫外探测材料。且随溅射功率的增加，Bi_2O_3 薄膜沉积速率加快，薄膜厚度增加。

（2）基于5种溅射功率制备的 Bi_2O_3 薄膜组装的自供能型紫外探测器均具有一定的紫外探测能力，但整体而言，探测器的光电流密度较小，最大光电流密度仅为 3.1 $\mu A/cm^2$，响应速度较慢，下降时间高达 142.9 ms。相对而言，以溅射功率为 120 W 的 Bi_2O_3 薄膜具有最大的光电流密度和最快的响应速度，作为光阳极的紫外探测器性能最为优异。

（3）XRD、SEM 等测试结果表明 Bi_2O_3 薄膜退火后，结晶度明显提高，由非晶态转变为晶态，表面形貌为排列整齐的晶粒，不含其他杂质，纯度较高。退火后，Bi_2O_3 薄膜厚度增加，禁带宽度增加至 2.65~3.1 eV，对紫外线透射率极低，适合用于紫外探测领域。

（4）相较于未退火的 Bi_2O_3 薄膜紫外探测器，退火后的 Bi_2O_3 薄膜紫外探测器性能非常优异。具体表现为光电流密度由退火前的 0.9~3.1 $\mu A/cm^2$ 提升到 240~750 $\mu A/cm^2$；上升时间大约缩短 10 ms，下降时间大约缩短 100 ms；光暗电流比、响应度、比探测率普遍提升 2~3 个数量级；电子寿命更长。这是由于 Bi_2O_3 薄膜退火后结晶度提高，缺陷减少，晶体结构完整度提高，对紫外线具有更高的响应度，相同条件下能产生更多的光生电子-空穴对，具有更加优良的电子运输能力和紫外线响应速度。

（5）基于退火后的 Bi_2O_3 薄膜制备的紫外探测器均能在无外加偏压的情况有效探测紫外线，具有良好的自供能特性、稳定性、重复性。并且器件能在宽光功率密度范围内工作，即使光功率密度低至 5 mW/cm^2 时，仍具有 239 $\mu A/cm^2$ 的光电流密度。同时探测器的光电流密度与光功率密度间良好的线性关系使得其具有精准探测紫外线的能力。

参 考 文 献

[1] Leontie L, Caraman M, Alexe M, et al. Structure and optical characteristics of bismuth oxide thin films [J]. Surface Science, 2002, 507: 480-485.

[2] Yasin M, Saeed M, Muneer M, et al. Development of Bi_2O_3-ZnO heterostructure for enhanced photodegradation of rhodamine B and reactive yellow dyes [J]. Surfaces and Interfaces, 2022, 30: 101846.

[3] Balachandran S, Prakash N, Swaminathan M. Heteroarchitectured Ag-Bi_2O_3-ZnO as a bifunctional nanomaterial [J]. RSC Advances, 2016, 6 (24): 20247-20257.

[4] Ren S, Gao S Y, Lu H Q, et al. Large-area fabrication of homogeneous octahedral Bi_2O_3 nanoblocks on ITO substrate for UV detection [J]. Materials Science in Semiconductor Processing, 2022, 137: 106245.

[5] Chen X F, Dai J F, Shi G F, et al. Visible light photocatalytic degradation of dyes by beta-Bi_2O_3/graphene nanocomposites [J]. Journal of Alloys and Compounds, 2015, 649: 872-877.

[6] Qiu Y M, Zhang L, Liu L M, et al. Photoinduced synthesis of Bi_2O_3 nanotubes based on oriented attachment [J]. Journal of Materials Chemistry A, 2019, 7 (4): 1424-1428.

[7] Gujar T P, Shinde V R, Lokhande C D, et al. Formation of highly textured (111) Bi_2O_3 films by anodization of electrodeposited bismuth films [J]. Applied Surface Science, 2006, 252 (8): 2747-2751.

[8] Morasch J, Li S Y, Brötz J, et al. Reactively magnetron sputtered Bi_2O_3 thin films: analysis of structure, optoelectronic, interface, and photovoltaic properties [J]. Physica Status Solidi (a), 2014, 211 (1): 93-100.

[9] Gomez C L, Depablos-Rivera O, Silva-Bermudez P, et al. Opto-electronic properties of bismuth oxide films presenting different crystallographic phases [J]. Thin Solid Films, 2015, 578: 103-112.

7 Bi$_2$O$_3$/ZnO 异质结构自供能型紫外探测器

7.1 引　言

前文已通过磁控溅射法成功制备了 Bi$_2$O$_3$ 薄膜，并且发现基于 Bi$_2$O$_3$ 薄膜制备的自供能型紫外探测器能有效探测紫外线。但 Bi$_2$O$_3$ 薄膜紫外探测器的光电流密度较小，响应速度较慢。究其原因，除 Bi$_2$O$_3$ 薄膜结晶质量较差外，单一材料作为光阳极时光生电子-空穴对极易复合也会使探测器的性能降低。因此，本章节将致力于降低 Bi$_2$O$_3$ 薄膜中光生电子-空穴对的复合率以提升紫外探测器的性能。

目前常见的降低单一材料构成的光阳极中光生电子-空穴对复合率的途径有贵金属粒子修饰，如 Ag、Au 粒子；掺杂过渡金属阳离子；复合其他半导体材料形成异质结构；包覆钝化层等。其中复合其他半导体材料形成异质结构这一途径不仅可以降低光生电子-空穴对的复合率，还可以增加光生电子-空穴对的数量，可有效提升器件的紫外探测性能。因此可以让 Bi$_2$O$_3$ 薄膜与其他半导体材料复合形成的异质结构作为探测材料，以提升紫外探测器的性能。众多半导体材料中，ZnO 禁带宽度较大（$Eg \approx 3.4$ eV），有效吸收紫外的同时具有可见光盲性，且激子结合能高、电子迁移速率快，与 Bi$_2$O$_3$ 形成的异质结构具有 Ⅱ 型能带结构，是一种理想的结合材料[1-3]。ZnO 的合成方法中，水热法成本低、操作简单、产物纯净度好，适合在 Bi$_2$O$_3$ 薄膜上大面积制备 ZnO[4-5]。

前文研究结果表明，溅射功率为 120 W 时制备的 Bi$_2$O$_3$ 薄膜质量最好。因此本章节中先通过磁控溅射法在 FTO 衬底上制备 Bi$_2$O$_3$ 薄膜，其中溅射功率选定为 120 W；然后再通过磁控溅射法在 Bi$_2$O$_3$ 薄膜上生长一层 ZnO 种子层，最后通过水热法在含有 ZnO 种子层的 Bi$_2$O$_3$ 薄膜上生长出 ZnO 纳米棒，从而得到 Bi$_2$O$_3$-ZnO 异质结构。通过 SEM、XRD 等测试方法对 Bi$_2$O$_3$/ZnO 样品进行表征。之后制备以 Bi$_2$O$_3$-ZnO 异质结构作为工作电极的自供能型紫外探测器，测试分析其紫外探测性能，并对其紫外探测机理进行阐述。

7.2　Bi$_2$O$_3$/ZnO 异质结构的制备

首先将 FTO 依次在丙酮、乙醇、去离子水中超声清洗 20min 去除其表面的各种杂质。再通过磁控溅射法在 FTO 上制备一层 Bi_2O_3 薄膜，实验时固定溅射功率为 120 W，其余参数与第 6 章相同。然后再使用磁控溅射仪在 Bi_2O_3 薄膜上溅射一层 ZnO 种子层，实验时，氧气流量为 18 sccm，氩气流量为 42 sccm，溅射压强为 1.6 Pa，溅射时间为 10 min，溅射功率为 100 W。最后通过水热法在含有 ZnO 种子层的 Bi_2O_3 薄膜上制备 ZnO 纳米棒。水热实验时，将 0.1 mmol 的硝酸锌和 0.1 mmol 的六次甲基四胺，分别溶于 15 mL 去离子水中，待反应物充分溶解后，将两种溶液均匀混合，小心倒入内衬中，再将生长有 Bi_2O_3 薄膜和 ZnO 种子层的 FTO 导电玻璃垂直于内衬底面固定放置，最后将装有内衬的反应釜小心转移至电热恒温干燥箱中。调节参数使反应温度为 95 ℃、反应时间为 4 h。反应结束待恒温干燥箱自然降温至室温时，取出反应釜，移出内衬，小心取出样品。可观察到在 Bi_2O_3 薄膜上生长了一层白色 ZnO，使用胶头滴管吸取少量去离子水缓慢滴洗样品表面三次以洗掉多余物质，之后使样品在室温下自然晾干，即完成 Bi_2O_3/ZnO 异质结构的制备，制备流程如图 7-1 所示。

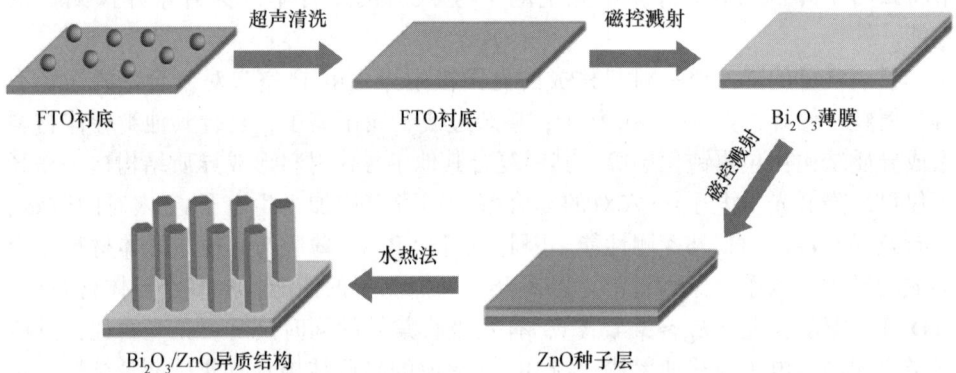

图 7-1　Bi_2O_3/ZnO 异质结构的制备流程图

7.3　Bi_2O_3/ZnO 异质结构的表征

7.3.1　Bi_2O_3/ZnO 异质结构的 SEM 分析

由于 Bi_2O_3 薄膜与 ZnO 间存在一定的晶格失配，所以直接在 Bi_2O_3 薄膜上通过水热法生长 ZnO 较为困难，因此制备 Bi_2O_3/ZnO 异质结构时会在 Bi_2O_3 薄膜上溅射一层 ZnO 种子层。ZnO 种子层具有诸多作用：导向作用，使 ZnO 纳米棒垂直于衬底定向生长；缓冲作用，减少 ZnO 和 Bi_2O_3 薄膜间的晶格失配；促进结晶作用，可以作为 ZnO 结晶生长的晶核。所以 ZnO 种子层的厚度尤为重要，若厚度过薄，则难以在 Bi_2O_3 薄膜上生长优良的 ZnO，厚度过厚，则生长的 ZnO 与

Bi$_2$O$_3$ 薄膜难以紧密接触，从而影响 Bi$_2$O$_3$/ZnO 异质结构的质量。因此我们制备 Bi$_2$O$_3$/ZnO 异质结构时固定水热反应的条件，改变 ZnO 种子层的厚度以探究合适的厚度值。图 7-2 为水热反应前驱物为 15 mL、0.01 mmol 的乙酸锌和六次甲基四胺的混合溶液，反应温度为 95 ℃，反应时间为 3 h，ZnO 种子层厚度依次为 25 nm、50 nm、80 nm、100 nm 时 Bi$_2$O$_3$/ZnO 样品的 SEM 图像。

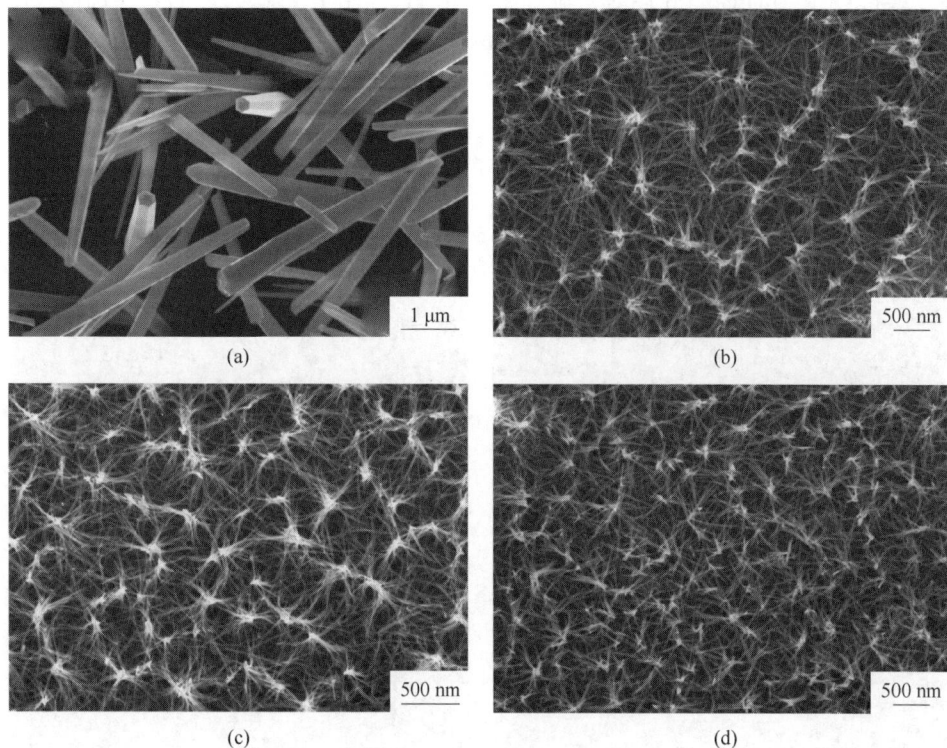

图 7-2　不同种子层厚度下 Bi$_2$O$_3$/ZnO 的 SEM 图
(a) 25 nm；(b) 50 nm；(c) 80 nm；(d) 100 nm

由图 7-2（a）可以看出，当 ZnO 种子层厚度为 25 nm 时，并没有在 Bi$_2$O$_3$ 薄膜上生长出均匀的 ZnO，这是因为种子层厚度较薄，难以为 ZnO 的生长提供足够的缓冲、导向等作用。在图 7-2（b）可以看出当 ZnO 种子层厚度增加至 50 nm 时，水热反应能够在 Bi$_2$O$_3$ 薄膜上生长出均匀的棒状 ZnO，但 ZnO 的致密度较低，未能完全覆盖 Bi$_2$O$_3$ 薄膜，之后随着种子层厚度逐渐增加至 80 nm、100 nm，由图 7-2（c）和（d）可以看出 ZnO 团簇间的距离逐渐减小，致密度不断增加，图 7-2（d）中 Bi$_2$O$_3$ 薄膜几乎被 ZnO 完全覆盖。考虑到 ZnO 种子层过厚会降低 Bi$_2$O$_3$ 薄膜与 ZnO 纳米棒间的结合程度，后续实验中 ZnO 种子层厚度均为 50 nm。除此之外，还可以发现反应物为乙酸锌和六次甲基四胺时，水热生长的 ZnO 的棒状结构并不明显，且棒直径较细，导向性较差，相邻的 ZnO 互相交叉呈团簇状。相同条件的紫外线照射时，相对于垂直生长导向性好的 ZnO 纳米棒阵列，团簇状的 ZnO 接收紫外线照射的面积更小，对紫外线的散射作用更弱，不利于光生载流子的定向传输，难以具有优越的紫外探测性能。

　　因此后续实验时在 ZnO 种子层厚度为 50 nm 的基础上，将水热反应物改为硝酸锌和六次甲基四胺，并探究水热反应在 Bi$_2$O$_3$ 薄膜上生长 ZnO 的合适前驱溶液浓度值。图 7-3 为不同前驱溶液浓度下制备的 Bi$_2$O$_3$/ZnO 样品的低倍 SEM 图。

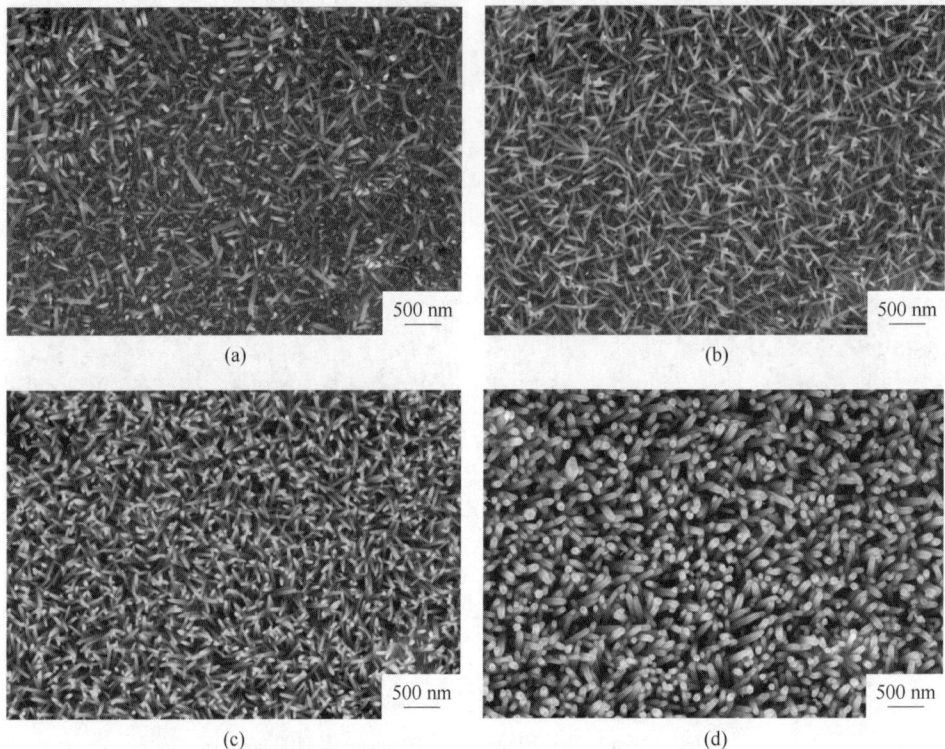

图 7-3　不同前驱溶液浓度下 Bi$_2$O$_3$/ZnO 的低倍 SEM 图
（a）0.01 mol/L；（b）0.025 mol/L；（c）0.05 mol/L；（d）0.1 mol/L

　　整体来看，相较于图 7-2，图 7-3 中的 ZnO 呈现更明显的棒状结构，棒的直径增加，导向性有所改善，未观察到团簇状的 ZnO。横向比较来看，当前驱溶液浓度较低为 0.01 mol/L 时，由图 7-3（a）可以看出，该浓度下生长的 ZnO 为棒状，但各个 ZnO 棒直径差距较大，且导向性及分布均匀性较差，多为倒伏状，致密度低，尚能观察到大面积未被 ZnO 棒覆盖的 Bi$_2$O$_3$ 薄膜。由图 7-3（b）可以看出，当前驱溶液浓度为 0.025 mol/L 时，ZnO 的生长情况有所改善，致密度增加，几乎观察不到 Bi$_2$O$_3$ 薄膜，表现为清晰明显的棒状结构，且 ZnO 棒间直径相近，均匀性和导向性虽有明显改善，但仍有较多的 ZnO 棒为倒伏状。如图 7-3（c）所示，前驱溶液浓度为 0.05 mol/L 时，ZnO 棒直径仍然相近，分布均匀性和致密度提升的同时，ZnO 棒的导向性有很大改善，倒伏状的 ZnO 棒较少，几乎所有的 ZnO 棒垂直于 Bi$_2$O$_3$ 薄膜生长，但 ZnO 棒的直径较细。当前驱溶液浓度提升至 0.1 mol/L 时，如图 7-3（d）所示，ZnO 棒的均匀性、致密度、导向性均十分优异，且棒的直径较大，能观察到大面积垂直于 Bi$_2$O$_3$ 薄膜生长的 ZnO 棒阵列。

为了更细微地了解不同前驱溶液浓度下 Bi$_2$O$_3$ 薄膜上水热生长的 ZnO 棒的形貌，我们对不同前驱溶液浓度下的 Bi$_2$O$_3$/ZnO 的高倍 SEM 图进行分析，如图 7-4 所示。

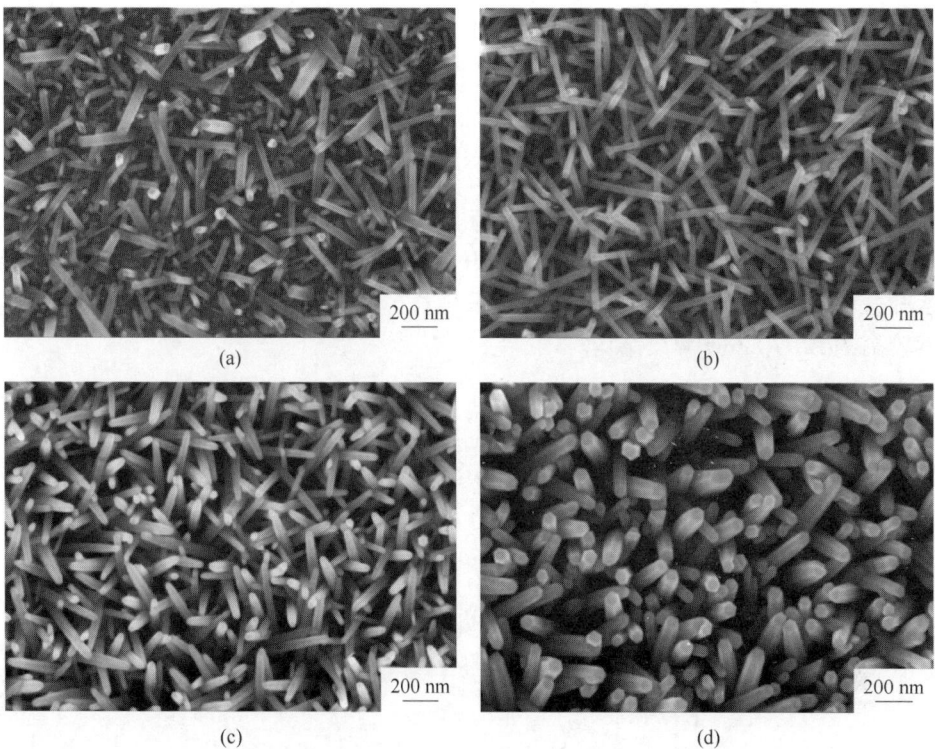

图 7-4　不同前驱溶液浓度下 Bi$_2$O$_3$/ZnO 的高倍 SEM 图
（a）0.01 mol/L；（b）0.025 mol/L；（c）0.05 mol/L；（d）0.1 mol/L

由图 7-4（a）可以看出，当前驱溶液浓度为 0.01 mol/L 时，ZnO 棒较稀疏，且粗细不一，较细的 ZnO 棒直径约为 20 nm，较粗的 ZnO 棒直径则高达 60 nm，能看到未被覆盖的 Bi$_2$O$_3$ 薄膜，ZnO 棒的分布均匀性和导向性很差。当前驱溶液浓度为 0.025 mol/L 时，如图 7-4（b）所示，ZnO 棒粗细均匀，直径约为 40 nm 并且 ZnO 棒比较致密，几乎完全覆盖了 Bi$_2$O$_3$ 薄膜，但 ZnO 棒的导向性较差，垂

直于 Bi_2O_3 薄膜生长的 ZnO 棒较少，纳米棒的生长取向整体较为杂乱。当前驱溶液浓度为 0.05 mol/L 时，由图 7-4（c）可以看出，ZnO 棒分布均匀，致密度进一步增加，纳米棒的直径增加至 60 nm，导向性明显改善，大多数 ZnO 棒均垂直于 Bi_2O_3 薄膜生长，但相邻的 ZnO 棒间有所交叉，降低了 ZnO 棒阵列的整齐度。如图 7-4（d）所示，当前驱溶液浓度为 0.1 mol/L 时，ZnO 棒呈现明显的六棱柱状，直径进一步增加至 100 nm，具有优异的导向性，几乎所有的 ZnO 棒均垂直于 Bi_2O_3 薄膜生长，且相邻 ZnO 棒间无明显的交叉现象，整体为规则排列的 ZnO 纳米棒阵列，预期能具有优良的紫外探测性能，因此后续对该条件下制备的 Bi_2O_3/ZnO 进行详细研究。

7.3.2　Bi_2O_3/ZnO 异质结构的 EDS 分析

使用 EDS 能谱仪对 Bi_2O_3/ZnO 样品中元素成分进行分析，能谱图如图 7-5 所示。从图中可以看出，该样品含有多个明显的特征峰，归属于 5 种元素，分别是 Zn 元素、Bi 元素、O 元素、Sn 元素、Si 元素。其中 Zn 元素来源于 ZnO，Bi 元素来源于 Bi_2O_3 薄膜，O 元素来自 ZnO 和 Bi_2O_3 薄膜，而 Si 元素和 Sn 元素则来自衬底 FTO。此结果与 Bi_2O_3 薄膜的 EDS 能谱图（图 6-5）比较，仅多出了 Zn 元素峰，说明水热反应后在 Bi_2O_3 薄膜上只生长了 ZnO 纳米棒，表明成功制备了纯度较高的 Bi_2O_3/ZnO 异质结构。

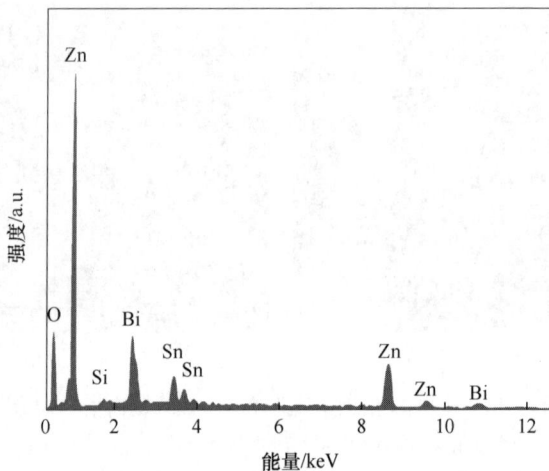

图 7-5　Bi_2O_3/ZnO 样品的 EDS 能谱图

7.3.3　Bi_2O_3/ZnO 异质结构的 XRD 分析

我们使用 XRD 对 Bi_2O_3/ZnO 样品进行表征分析以了解其晶体结构，XRD 图谱如图 7-6 所示。相同水热条件下在 FTO 衬底上制备了 ZnO，并测定了其 XRD 图谱用于对照分析 Bi$_2$O$_3$/ZnO 样品的 XRD 图谱。可以看出 ZnO 和 Bi$_2$O$_3$/ZnO 除含有来自 FTO 的衬底峰（图中黑色实心圆•标注）外，在 $2\theta = 34.4°$、$36.2°$、$47.5°$、$62.8°$、$72.8°$ 的特征衍射峰和六方晶型 ZnO（JCPDS NO. 36-1451）相吻合，在图中用黑色五角星（★）标注，分别对应于（002）、（101）、（102）、（103）、（004）晶面，其中 $34.4°$ 处的衍射峰为主峰，说明水热制备的 ZnO 沿（002）晶面生长。此外对照分析 Bi$_2$O$_3$ 与 Bi$_2$O$_3$/ZnO 样品的 XRD 图谱，可以发现两者均在 $2\theta = 28°$ 左右有一来源于非晶 Bi$_2$O$_3$ 的"馒头峰"。综上所述，Bi$_2$O$_3$/ZnO 样品的 XRD 图谱中除 FTO 衬底的衍射峰外，只有 ZnO 的特征衍射峰及 Bi$_2$O$_3$ 的非晶"馒头峰"，再次证明成功制备了高纯度的 Bi$_2$O$_3$/ZnO 异质结构。

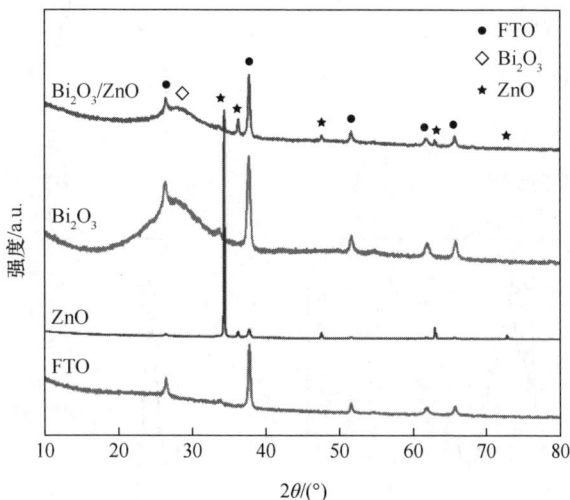

图 7-6 Bi$_2$O$_3$/ZnO 样品的 XRD 图谱

7.3.4 Bi$_2$O$_3$/ZnO 异质结构的 XPS 分析

前已通过 EDS 图谱分析了样品中所含元素的种类，为了进一步确定样品中主要元素的价态，测定了样品的 XPS 图谱，并通过 C 元素峰位进行校正，校正后的图谱如图 7-7 所示。由图 7-7（a）全元素图谱可以看出样品中存在三种元素，分别是 Bi 元素、O 元素、Zn 元素，符合 Bi$_2$O$_3$/ZnO 异质结构的元素组成。图 7-7（b）~（d）依次是 Bi、O、Zn 元素的高分辨率 XPS 图谱。在图 7-7（b）中能看到两个明显的峰位，位于 158.5 eV 和 163.8 eV，分别对应于 Bi 4f$_{7/2}$ 和 Bi 4f$_{5/2}$，说明 Bi 在样品中以 +3 价的形式存在，与 Bi$_2$O$_3$ 中 Bi 的价态符合。图 7-7（c）中 530.7 eV 处的峰位，对应于 O 1s，说明 O 在样品中以 -2 价的形式存在，与 Bi$_2$O$_3$ 和 ZnO 中 O 的价态复合。图 7-7（d）中的 1022.1 eV 和 1045.2 eV

处的峰位分别对应于 Zn 2p$_{1/2}$ 和 Zn 2p$_{3/2}$，说明 Zn 在样品中以+2 价的形式存在，与 ZnO 中 Zn 的价态符合。结合前文样品的 SEM、EDS 及 XRD 结果可以得出结论，样品中含有 Bi$_2$O$_3$ 和 ZnO，进一步证明我们成功制备了下层为 Bi$_2$O$_3$ 薄膜、上层为 ZnO 纳米棒的异质结构[6]。

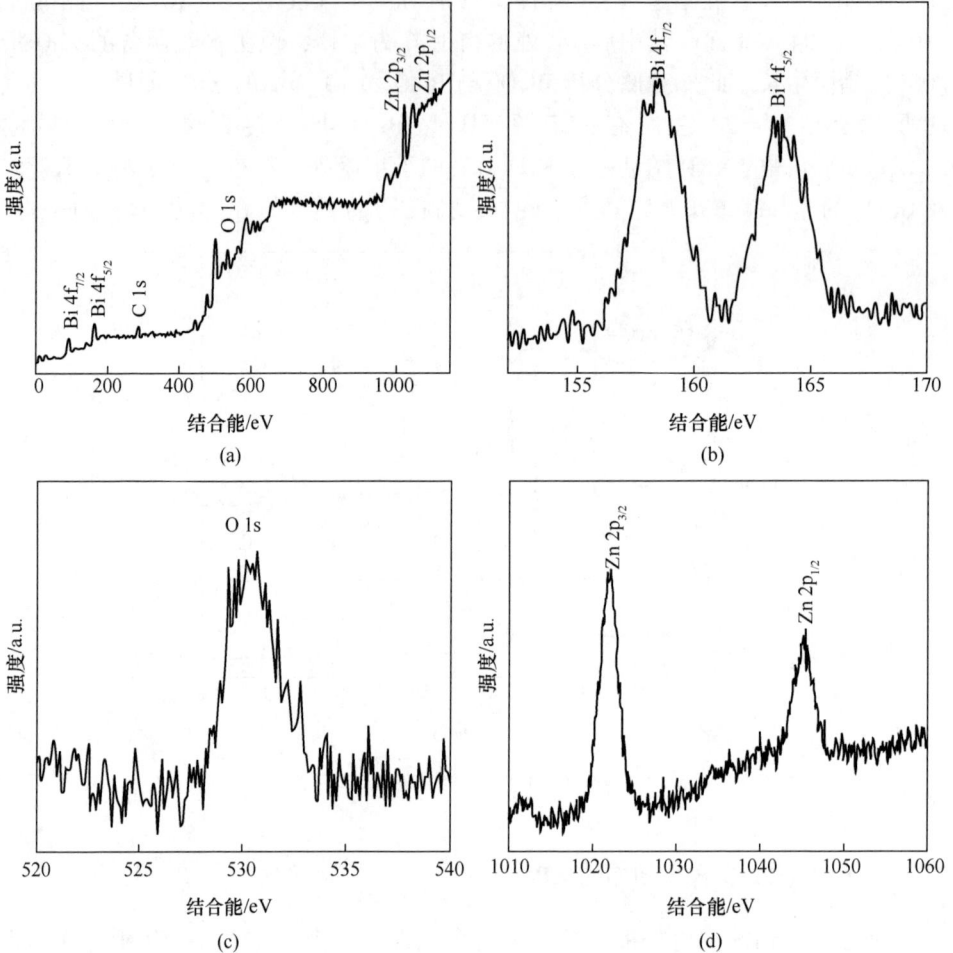

图 7-7　Bi$_2$O$_3$/ZnO 样品的 XPS 图谱

（a）总谱；（b）Bi 4f 精细谱；（c）O 1s 精细谱；（d）Zn 2p 精细谱

7.3.5　Bi$_2$O$_3$/ZnO 异质结构的 *I-V* 分析

Bi$_2$O$_3$/ZnO PN 结器件结构示意图如图 7-8 所示，器件制作时先在 Bi$_2$O$_3$/ZnO 样品上固定一个 FTO 导电玻璃，保证 FTO 导电面仅与 ZnO 良好接触，再在 Bi$_2$O$_3$ 薄膜上及 FTO 导电面上镀 Ag 电极。可以看出两个 Ag 电极分别与 Bi$_2$O$_3$ 材料、

ZnO 材料连接，也就是与 PN 结中多数载流子为空穴的 P 区、多数载流子为电子的 N 区连接。

图 7-8 Bi$_2$O$_3$/ZnO PN 结器件结构示意图

为进一步确定 Bi$_2$O$_3$ 薄膜和 ZnO 纳米棒形成了良好的 PN 结，我们测试了 Bi$_2$O$_3$/ZnO 异质结构的 I-V 曲线。

测试时，将器件的两个 Ag 电极与 Keithley 2400 数字电源表连接，输出电压范围设置为-4~4 V，I-V 曲线结果如图 7-9 所示。

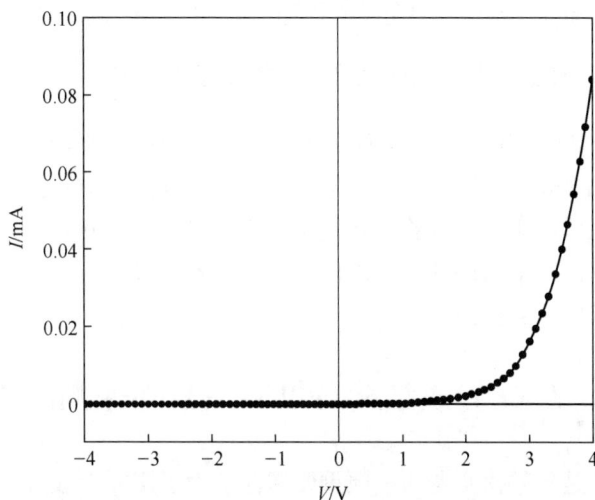

图 7-9 基于 Bi$_2$O$_3$/ZnO PN 结的 I-V 曲线

可以看出，当外加电压为负时，即 Bi$_2$O$_3$ 为负极、ZnO 为正极时，PN 结的反向电流很小，几乎为 0。而当外加电压为正时，PN 结有明显的正向电流，其中正向电压较低时，曲线较为平缓几乎与 x 轴平行，正向电流值接近 0；而当正向电压大于 1.5 V 后，曲线呈迅速上升状，电流随电压的增大成指数增长，呈现明显的单向导电性。这是由于 P 型 Bi$_2$O$_3$ 和 N 型 ZnO 接触时，在浓度差的作用下，Bi$_2$O$_3$ 中的空穴向 ZnO 扩散，在 Bi$_2$O$_3$ 中形成负电荷区；与此同时 ZnO 中的电子向 Bi$_2$O$_3$ 扩散，在 ZnO 中形成正电荷区，即 Bi$_2$O$_3$/ZnO 中存在由 ZnO（N

区）指向 Bi$_2$O$_3$（P 区）的内建电场。当 PN 结反向偏置时，内建电场加强，多子的扩散运动受阻，只有少子因漂移运动形成的极低的反向电流；当 PN 结正向偏置时，内建电场逐渐被削弱，多子的扩散运动加强，从而产生较大的正向电流。当外加偏压为 -4 V 时，反向电流仅为 4.55×10^{-4} mA，外加偏压为 4 V 时，正向电流为 0.084 mA，整流比（大小相同的正向偏压与反向偏压下的电流比值）高达 185，说明 Bi$_2$O$_3$ 薄膜和 ZnO 纳米棒形成了性能良好的 PN 结。

7.4　Bi$_2$O$_3$/ZnO 异质结构自供能型紫外探测器的制备

7.4.1　聚硫电解液的配置

本节中的紫外探测器使用聚硫电解液，其氧化还原对为 S^{2-}-S$_n^{2-}$。配置时先用天平依次称量 0.2982 的氯化钾、9.6072 g 的硫化钠、1.2824 g 的硫单质，再将其溶解在 6 mL 去离子水和 14 mL 甲醇的混合溶液中，然后放置于磁力搅拌器上搅拌 20 h，使溶质完全溶解，便完成了聚硫电解液的配置。保存时注意密封避光。

7.4.2　Bi$_2$O$_3$/ZnO 异质结构自供能型紫外探测器的组装

先将 FTO 上的 Bi$_2$O$_3$/ZnO 异质结构刮出一个小圆，然后将生长有样品的 FTO、热封膜、Pt 电极依次叠放在一起，放置于热压台的中心，在 145 ℃ 的温度下热压 14 s，之后使用毛细管将聚硫电解液滴加在 Pt 电极的小孔附近，再通过薄膜真空泵吸取出两电极间的空气以使电解液流入，最后密封小孔即完成 Bi$_2$O$_3$/ZnO 异质结构紫外探测器的组装。

7.5　Bi$_2$O$_3$/ZnO 异质结构自供能型紫外探测器的性能研究

光电流密度是紫外探测器的一项重要指标。为了探究形成 Bi$_2$O$_3$/ZnO 异质结构对紫外探测器性能的影响，我们使用波长为 365 nm、光功率密度为 30 mW/cm^2 的紫外线作为模拟光源，无外加偏压的情况下测试 Bi$_2$O$_3$/ZnO 紫外探测器的光电流密度。测试过程中以 10 s 为一阶段周期性地打开关闭模拟光源，得到了如图 7-10 所示的 J-T 曲线，其中纵坐标 J 代表光电流密度，横坐标 T 代表时间。可以看出，初始无紫外线信号时 Bi$_2$O$_3$/ZnO 紫外探测器的暗电流密度很低，几乎为 0，而当紫外线照射到 Bi$_2$O$_3$/ZnO 上时，光电流密度值迅速上升并保持稳定，紫外线照射 10 s 消失后，探测器的光电流密度迅速下降至接近 0，如此循环 8 个周期，Bi$_2$O$_3$/ZnO 紫外探测器的光电流密度值十分稳定约为 41.4 μA/cm^2，并没有发生衰减现象，说明该探测器具有自供能特性，能在无外加偏压的情况下稳定循环使用。同时，我们测试了 Bi_2O_3 薄膜紫外探测器在相同条件下的 *J-T* 曲线，结果表明其稳定光电流密度为 20.0 $\mu A/cm^2$，仅为 Bi_2O_3/ZnO 紫外探测器光电流密度的 1/2，并且其具有比 Bi_2O_3/ZnO 紫外探测器更高的暗电流密度。这表明形成 Bi_2O_3/ZnO 异质结构后紫外探测器的光电流密度翻倍，暗电流密度降低，探测性能有效提升。

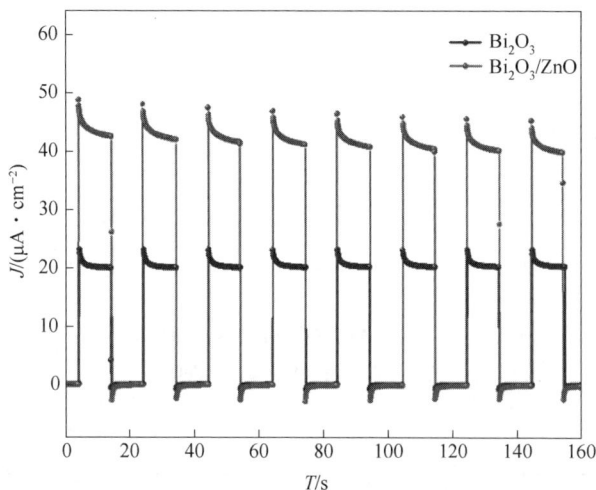

图 7-10　Bi_2O_3 和 Bi_2O_3/ZnO 紫外探测器的 *J-T* 曲线

　　为了研究形成 Bi_2O_3/ZnO 异质结构后对紫外探测器响应速度的影响。我们将图 7-10 中 *J-T* 曲线的某个周期放大以获得响应时间，如图 7-11 所示。由图 7-11（a）可以看出 Bi_2O_3 紫外探测器具有较快的响应速度，上升时间为 42.7 ms，下降时间为 45.2 ms；但图 7-11（b）中 Bi_2O_3/ZnO 紫外探测器的响应速度更快，上升时间缩短至 31.5 ms，下降时间缩短至 28.7 ms，这说明形成 Bi_2O_3/ZnO 异质结构后紫外探测器的响应速度有效提升。

　　为了更好地研究形成 Bi_2O_3/ZnO 异质结构对紫外探测器性能的影响，我们根据已知的光电流强度、暗电流强度、光功率密度等信息按照式（1-1）~式（1-3）依次计算了 Bi_2O_3 紫外探测器及 Bi_2O_3/ZnO 紫外探测器的光暗电流比（*PDCR*）、响应度（*R*）、比探测率（*D*），结果如图 7-12 所示。可以看出 Bi_2O_3 紫外探测器的光暗比为 56.1，Bi_2O_3/ZnO 紫外探测器的光暗比则提升至 88.1，具有更高的探测灵敏度；Bi_2O_3 紫外探测器的响应度为 6.52×10^{-4} A/W，Bi_2O_3/ZnO 紫外探测器的响应度则提升至 1.36×10^{-3} A/W，具有更好的紫外线响应特性；Bi_2O_3 紫外探测器的比探测率为 1.95×10^9 Jones，Bi_2O_3/ZnO 紫外探测器的比探测率则提升至 3.53×10^9 Jones，能更有效地探测微弱的紫外线信号。进一步说明形成 Bi_2O_3/ZnO 异质结构后从多方面提升了紫外探测器的性能。

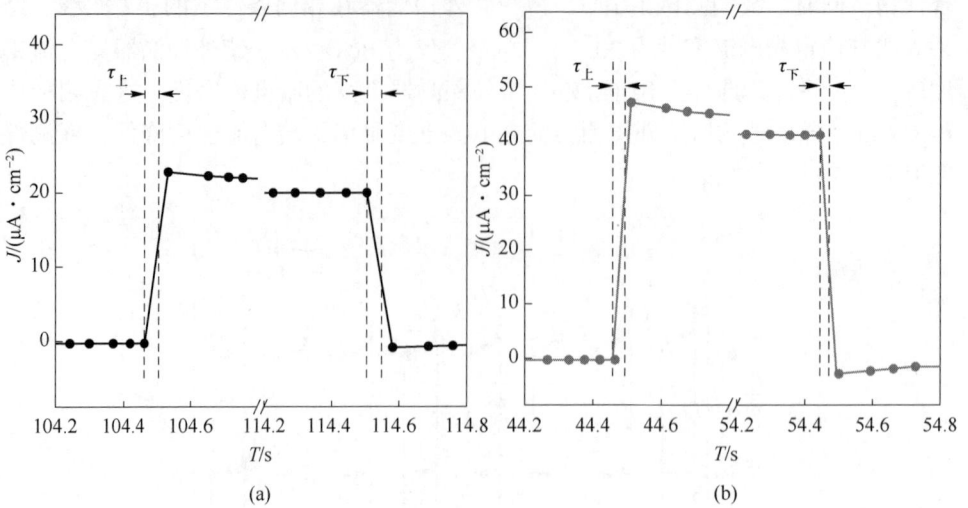

图 7-11　紫外探测器的响应时间

（a）Bi₂O₃；（b）Bi₂O₃/ZnO

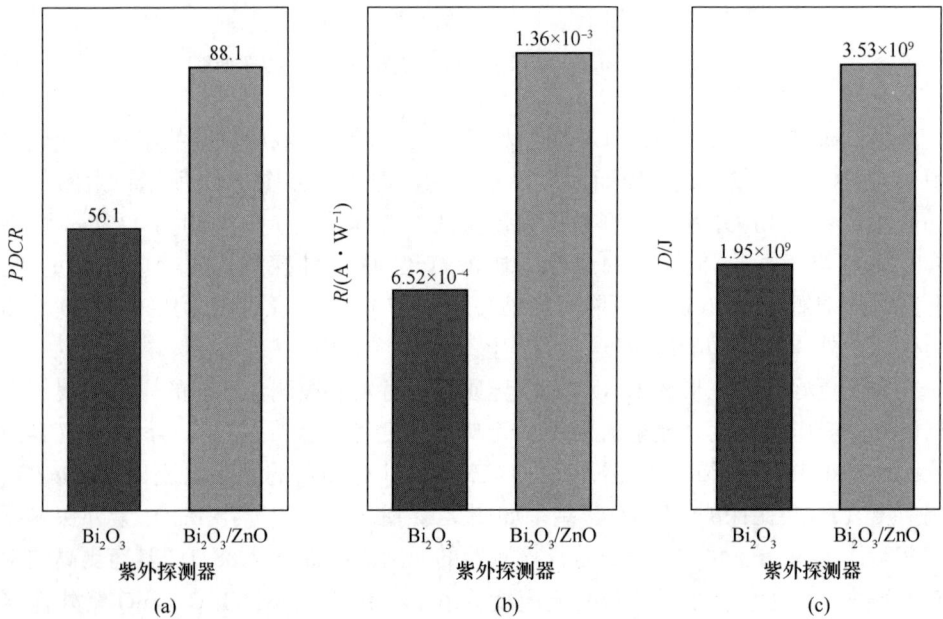

图 7-12　Bi₂O₃ 和 Bi₂O₃/ZnO 紫外探测器的光暗电流比（a）、响应度（b）及比探测率（c）

　　前文的研究结果表明相较于 Bi₂O₃，Bi₂O₃/ZnO 紫外探测器具有更优异的探测性能。为了解 Bi₂O₃/ZnO 紫外探测器对不同光功率密度紫外线的探测能力，我们改变紫外模拟光源的光功率密度测试了该器件的 *J-T* 曲线，结果如图 7-13 所示，其中纵坐标 *J* 代表光电流密度，横坐标 *T* 代表时间。可以看出，在各个光功率密度下，无紫外线信号时，探测器的光电流密度几乎为 0，接收到不同光功率密度的紫外线信号后光电流的密度迅速增大并保持稳定，说明 Bi$_2$O$_3$/ZnO 紫外探测器在不同光功率密度的紫外线下均具有稳定的响应特性和较快的响应速度。还可以发现当光功率密度低至 10 mW/cm^2 时，探测器仍然具有 20 μA/cm^2 的光电流密度，并且随光功率密度的增加，探测器的光电流密度也不断提升，光功率密度为 50 mW/cm^2 时，光电流密度可达 58 μA/cm^2，这说明该器件能对宽光功率密度范围的紫外线进行有效探测。

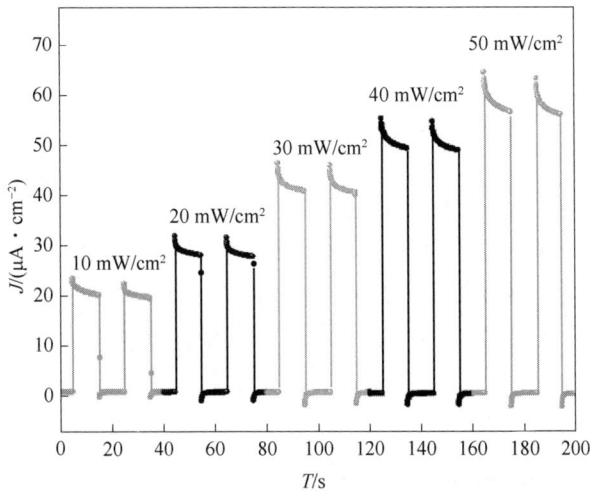

图 7-13　Bi$_2$O$_3$/ZnO 紫外探测器在不同光功率密度下的 *J-T* 曲线

为了进一步探究 Bi$_2$O$_3$/ZnO 紫外探测器光电流密度和光功率密度之间的关系，我们绘制了光功率密度和光电流密度的散点图并将其进行拟合处理，结果如图 7-14 所示。可以看出 Bi$_2$O$_3$/ZnO 紫外探测器的光电流密度与光功率密度之间存在明显的线性关系，且认为该线性关系在更低或者更高的光功率密度下仍然成立，也就是说实际应用中已知 Bi$_2$O$_3$/ZnO 紫外探测器的光电流密度时可以根据具体的线性关系求得紫外线的光功率密度。说明该紫外探测器具有精准探测紫外线的能力。

测试了 Bi$_2$O$_3$ 探测器和 Bi$_2$O$_3$/ZnO 紫外探测器的 *V-T* 曲线以探究两器件开路电压的大小及开路电压随时间的变化，结果如图 7-15 所示。测试时先使用波长为 365 nm、光功率密度为 30 mW/cm^2 的模拟光源照射探测器 10 s，然后关闭模拟光源即可，*V-T* 图像如图 7-15 所示。可以看出，Bi$_2$O$_3$ 紫外探测器的开路电压为 0.087 V，衰减到 0V 所用的时间约为 2.31 s；而 Bi$_2$O$_3$/ZnO 紫外探测器的开路

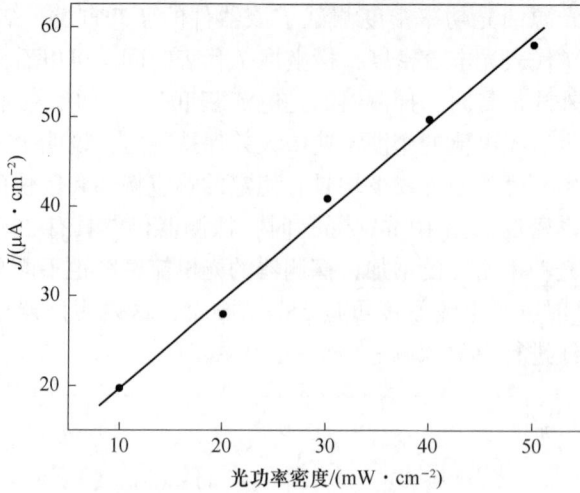

图 7-14　光电流密度与光功率密度的拟合曲线

电压则提升至 0.109 V，衰减到 0V 所用的时间也延长 8.59 s。即 Bi₂O₃/ZnO 紫外探测器具有更高的开路电压和更缓慢的开路电压衰减速度。而开路电压的衰减速度越快，说明载流子越容易复合，电子寿命越短。这表明形成 Bi₂O₃/ZnO 异质结构能有效地分离光生电子-空穴对，降低其复合率，从而延长电子寿命。

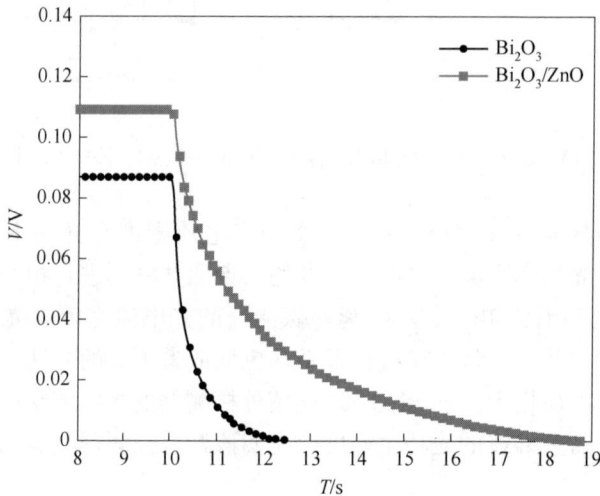

图 7-15　Bi₂O₃ 和 Bi₂O₃/ZnO 紫外探测器的 V-T 曲线

　　为了进一步探究形成 Bi₂O₃/ZnO 异质结构对紫外探测性能的影响，我们测试了 Bi₂O₃/ZnO 异质结构紫外探测器和 Bi₂O₃ 紫外探测器的阻抗数据并绘制了伯德图谱，如图 7-16 所示。可以看出，Bi₂O₃ 紫外探测器伯德图的峰值对应的横坐标频率为 1.25 Hz，而 Bi$_2$O$_3$/ZnO 紫外探测器伯德图的峰值对应的横坐标频率则为 1.08 Hz。由式（4-1）可知，电子寿命和伯德图中峰值所对应的频率成反比关系，并可求得 Bi$_2$O$_3$ 紫外探测器中的电子寿命为 127.4 ms，而 Bi$_2$O$_3$/ZnO 紫外探测器的电子寿命则提升至 147.4 ms。说明形成 Bi$_2$O$_3$/ZnO 异质结构可抑制光生电子-空穴的复合，延长紫外探测器中的电子寿命，这与 V-T 图显示的结果一致。

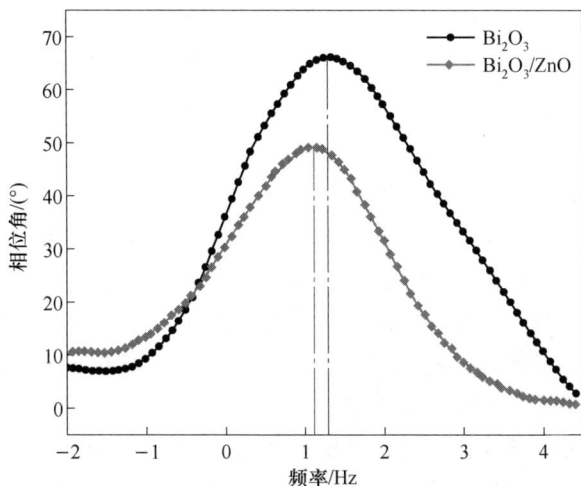

图 7-16　Bi$_2$O$_3$ 和 Bi$_2$O$_3$/ZnO 紫外探测器的伯德图

7.6　Bi$_2$O$_3$/ZnO 异质结构自供能型紫外探测器的机理研究

基于以上结论，研究了 Bi$_2$O$_3$/ZnO 异质结构紫外探测器性能增强的机理。首先，当紫外线照射到 Bi$_2$O$_3$/ZnO 异质结构上时，Bi$_2$O$_3$ 薄膜和 ZnO 纳米棒都能吸收紫外线产生光生电子-空穴对，且 ZnO 纳米棒阵列能有效散射紫外线，提高紫外线的利用率，这使得相同条件下相较于 Bi$_2$O$_3$ 薄膜，Bi$_2$O$_3$/ZnO 异质结构能产生更多的光生载流子。除此之外，Bi$_2$O$_3$/ZnO 为具有 Ⅱ 型能带结构的异质结构，即 ZnO 的导带和价带均高于 Bi$_2$O$_3$，该能带结构能有效地分离光生电子-空穴对。具体来讲就是当 Bi$_2$O$_3$/ZnO 异质结构吸收紫外线产生光生电子-空穴对后，ZnO 导带上的光生电子在两者导带势差的作用下向 Bi$_2$O$_3$ 的导带转移，而 Bi$_2$O$_3$ 价带上的空穴在两者价带势差的作用下向 ZnO 的价带转移，从而实现光生电子-空穴对的分离，降低载流子的复合率。因此相较于 Bi$_2$O$_3$ 紫外探测器，Bi$_2$O$_3$/ZnO 异质结构紫外探测器性能更加优异，具体表现为具有更大的光电流密度、更快的响应速度、更高的灵敏度、更长的电子寿命。

7.7　本章小结

先通过磁控溅射法在 Bi₂O₃ 薄膜上制备了 ZnO 种子层，再通过水热法生长 ZnO 纳米棒，制得了 Bi₂O₃/ZnO 异质结构，并结合 SEM、XRD、XPS 等测试结果对制备的 Bi₂O₃/ZnO 异质结构进行表征分析。之后制备了基于 Bi₂O₃/ZnO 异质结构的自供能型紫外探测器，测试分析器件的探测性能，并探究其性能增强的机理，得到如下结论：

（1）XRD、SEM、EDS 等结果表明，当种子层厚度为 50 nm，水热反应前驱溶液浓度为 0.1 mol/L 时，Bi₂O₃/ZnO 异质结构具有最佳形貌，所含元素成分及价态与 Bi₂O₃、ZnO 完全符合，纯度高。且 Bi₂O₃ 薄膜和 ZnO 纳米棒接触紧密，形成了良好的 p-n 结结构，具有明显的单向导电性。

（2）由于 Bi₂O₃/ZnO 异质结构中的 ZnO 也能吸收紫外线，且其独特的纳米棒阵列能散射光线增强紫外线的利用率，从而增加光生载流子的浓度；以及 Bi₂O₃/ZnO 异质结构具有 Ⅱ 型能带结构，能有效分离光生载流子、抑制电子-空穴对的复合、延长电子寿命、提高载流子传输效率，使得 Bi₂O₃/ZnO 紫外探测器相较于 Bi₂O₃ 具有更优异的探测性能。具体表现为：相同的紫外模拟光源下，Bi₂O₃/ZnO 紫外探测器具有更高的光电流密度，约为 Bi₂O₃ 探测器的 2 倍；具有更快的响应速度，上升时间由 42.7 ms 缩短至 31.5 ms，下降时间由 45.2 ms 缩短至 28.7 ms，电子寿命也由 127.4 ms 延长至 147.4 ms。

（3）性能测试结果表明，无外加偏压下，多个周期后，Bi₂O₃/ZnO 紫外探测器的光电流密度并无衰减，展现了优良的自供能特性及稳定性。并且在较宽的光功率密度范围内，探测器的光电流密度和光功率密度间依旧存在良好的线性关系，说明该器件在实际应用中能够精准探测紫外线。

参 考 文 献

[1] Sun T, Qiu J, Liang C. Controllable fabrication and photocatalytic activity of ZnO nanobelt arrays [J]. The Journal of Physical Chemistry C, 2008, 112 (3)：715-721.

[2] Khan S B, Faisal M, Rahman M M, et al. Low-temperature growth of ZnO nanoparticles：photocatalyst and acetone sensor [J]. Talanta, 2011, 85 (2)：943-949.

[3] Lin H, Liao S, Hung S. The DC thermal plasma synthesis of ZnO nanoparticles for visible-light photocatalyst [J]. Journal of Photochemistry and Photobiology A：Chemistry, 2005, 174 (1)：82-87.

[4] Udom I, Ram M K, Stefanakos E K, et al. One dimensional-ZnO nanostructures：synthesis, properties and environmental applications [J]. Materials Science in Semiconductor Processing, 2013, 16 (6)：2070-2083.

[5] Li B, Wang Y. Facile synthesis and enhanced photocatalytic performance of flower-like ZnO

hierarchical microstructures [J]. The Journal of Physical Chemistry C, 2010, 114 (2): 890-896.

[6] Balachandran S, Prakash N, Swaminathan M. Heteroarchitectured Ag-Bi$_2$O$_3$-ZnO as a bifunctional nanomaterial [J]. RSC Advances, 2016, 6 (24): 20247-20257.

8 g-C₃N₄/Bi₂O₃ 异质结构自供能型紫外探测器

$$8 \quad \text{g-C}_3\text{N}_4/\text{Bi}_2\text{O}_3 \text{ 异质结构自供能型}$$
$$\text{紫外探测器}$$

8.1 引　言

虽然已成功合成 Bi_2O_3 纳米材料，并成功制备出能实现紫外线探测的光电探测器，然而，用这种方法制备的紫外探测器只以一种半导体材料为光阳极，这会导致该探测器因为电子-空穴对的快速复合而降低性能。为了解决这个问题，通过其他材料与 Bi_2O_3 复合构成异质结构是个可行的方案。氮化碳（$g\text{-}C_3N_4$）因其与石墨烯的相似性而备受关注。无金属的 $g\text{-}C_3N_4$ 电子性能优良，热、化学稳定性优异[1-3]。其中，$g\text{-}C_3N_4$ 与其他半导体结合形成的复合材料，由于具有高效的电荷分离，其光电导效应得到了显著提高[4-6]。

因此，在本章节中先采用热聚法制备 $g\text{-}C_3N_4$，然后将制得的 $g\text{-}C_3N_4$ 和 Bi_2O_3 通过溶液法在室温下成功合成 $g\text{-}C_3N_4/Bi_2O_3$ 复合材料，随后用 SEM、EDS、XRD、XPS 及器件的响应特性曲线对 $g\text{-}C_3N_4/Bi_2O_3$ 样品进行表征分析，用光致发光光谱解释基于 $g\text{-}C_3N_4/Bi_2O_3$ 紫外探测器的工作机理，并对形成机理进行探究。

8.2 g-C₃N₄/Bi₂O₃ 复合材料的制备

采用热聚法制备 $g\text{-}C_3N_4$，称取 2 g 三聚氰胺，置于坩埚中，将一个较小的坩埚倒扣放置于该坩埚上，然后将其放入管式炉中，以 10 ℃/min 的升温速率，在 520 ℃下保温 2 h，待其自然冷却后取出，得到黄色块状物 $g\text{-}C_3N_4$。

将上一章制得的 Bi_2O_3 样品，称取 0.1 g 加入装有 50 mL 水的烧杯中，超声 2 min 使溶液变浑浊，此时底部仍有部分未溶解的粉末。然后在制得的 $g\text{-}C_3N_4$ 称取 0.05 g 加入悬浊液中，再超声 2 min，得到 Bi_2O_3 和 $g\text{-}C_3N_4$ 质量比为 2:1 的悬浊液，随后将装有悬浊液的烧杯放在磁力搅拌器上搅拌 1.5 h，静置，在离心机中以 6000 r/min 的转速离心 10 min，总共离心 3 次，最后倒去上清液，将沉淀物置于培养皿，放入电热恒温干燥箱中，在 60 ℃ 的温度下使水分蒸发，最后得到淡黄色粉末 $g\text{-}C_3N_4/Bi_2O_3$。

8.3　g-C₃N₄/Bi₂O₃ 及 g-C₃N₄ 紫外光电探测器的制备

将培养皿中的 g-C₃N₄/Bi₂O₃ 水分蒸发并收集完之后，取一部分分散于去离子水中，超声成悬浊液，使其分散均匀后，然后将其滴涂在 FTO 导电玻璃表面，并在 60 ℃的温度下烘干成膜，如果样品较少则进行第二次滴涂，随后将其与电极通过热封薄膜热压在一起。将已配制好的碘电解液注入制好的器件中并密封，制成 g-C₃N₄/Bi₂O₃ 光电探测器，用同样的方法制备好作为对照的 g-C₃N₄ 光电探测器。

8.4　g-C₃N₄/Bi₂O₃ 异质结构的表征

通过扫描电子显微镜观察样品的微观形貌，采用 EDS 能谱仪和 X 射线衍射仪研究样品的元素组成。元素价态和相互作用关系使用 X 射线光电子能谱进行分析。以 365 nm 紫外线作为模拟光源，在零偏压下利用数字源表测试器件的紫外探测性能。

8.4.1　g-C₃N₄/Bi₂O₃ 异质结构的 SEM 分析

图 8-1 分别为 Bi₂O₃、g-C₃N₄ 和 g-C₃N₄/Bi₂O₃ 的 SEM 图。

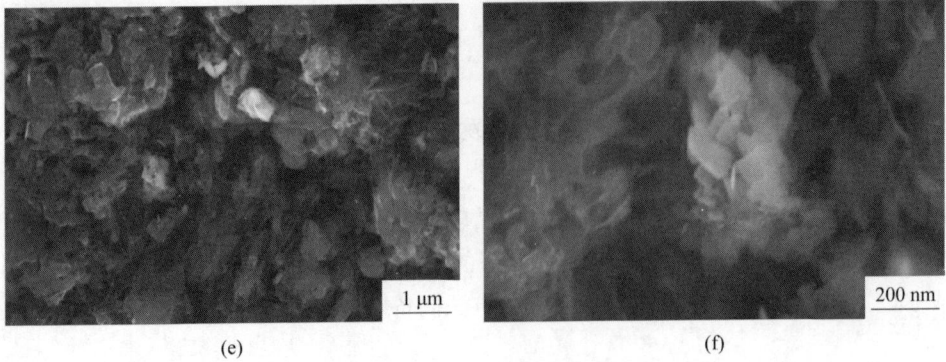

图 8-1　Bi₂O₃ 的 SEM 图（a）（b），g-C₃N₄ 的 SEM 图（c）（d）
及 g-C₃N₄/Bi₂O₃ 的 SEM 图（e）（f）

从图 8-1（a）和（c）低倍图可以看出，Bi₂O₃ 和 g-C₃N₄ 都表现为含有不均匀层状结构的块体，其中 Bi₂O₃ 的结构较为松散，g-C₃N₄ 的结构较为紧凑；其对应的高倍图（图 8-1（b）和（d））中 Bi₂O₃ 呈现为蜂窝状结构，表面疏松多孔，单位体积内有较大的表接触面积，而 g-C₃N₄ 由大量的纳米片堆叠而成，但两者表面都较为光滑，边缘较为平滑，没有显著的尖锐形状。当在 50 mL 去离子水中将 Bi₂O₃ 和 g-C₃N₄ 混合搅拌离心静置后，得到的 g-C₃N₄/Bi₂O₃ 样品和 Bi₂O₃、g-C₃N₄ 样品比较，在低倍图（图 8-1（e））中可观察到其表面形貌的变化不明显。但在高倍图上，可以清楚地看出，g-C₃N₄/Bi₂O₃ 兼具 Bi₂O₃ 和 g-C₃N₄ 的特点，表面上存在着大量细小的粒子，从而使平滑的薄片表面变得粗糙，如图 8-1（f）所示。同时纳米片与纳米片之间的堆积程度降低，交叉重叠的部分增多，从而使得整体结构变得更加紧凑和清晰。

8.4.2　g-C₃N₄/Bi₂O₃ 异质结构的 EDS 分析

图 8-2 为 g-C₃N₄/Bi₂O₃ 样品的 EDS 图，从图中可以看出，除了 Si 衬底所对应的特征峰外有四个明显的特征峰，即属于 g-C₃N₄ 的 C 峰、N 峰和属于 Bi₂O₃ 的 Bi 峰、O 峰，这说明已成功制得 g-C₃N₄/Bi₂O₃ 异质结构；且在图中没有观察到其他元素较为明显的特征峰，说明制得的样品具有较高的纯度。

8.4.3　g-C₃N₄/Bi₂O₃ 异质结构的 XRD 分析

通过 XRD 图谱分析了所制备样品的晶体结构，结果如图 8-3 所示。从蜂窝状 Bi₂O₃ 纳米块的 XRD 图谱中可以看到，分别位于 24.7°、25.8°、27.0°、27.5°、28.1°和 33.2°的衍射峰对应于单斜相 Bi₂O₃ 的（−102）、（002）、（111）、（120）、（012）和（200）晶面，其余的衍射峰也归属于单斜相 Bi₂O₃[7]。对于层

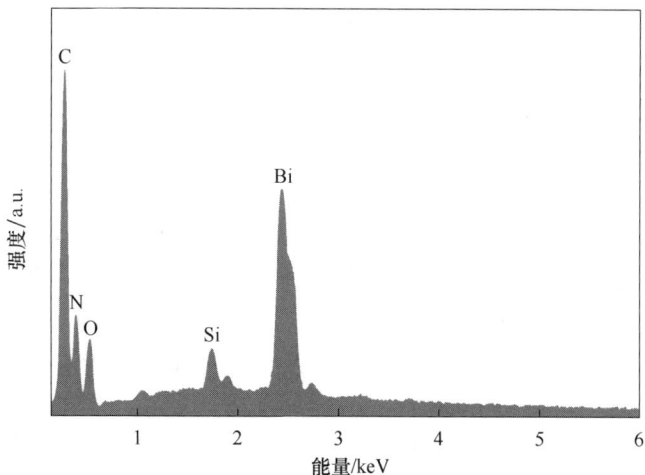

图 8-2　g-C$_3$N$_4$/Bi$_2$O$_3$ 的 EDS 能谱

状 g-C$_3$N$_4$纳米片的 XRD 图谱，在 2θ（θ 为 XRD 衍射角）为 13.3°和 27.4°处观察到了两个典型的特征峰，其分别与 g-C$_3$N$_4$ 的（100）和（002）晶面匹配良好（JCPDS 87-1526）[6]。在 Bi$_2$O$_3$/g-C$_3$N$_4$ 复合材料的 XRD 图谱中观察到了属于 Bi$_2$O$_3$ 纳米块和 g-C$_3$N$_4$ 纳米片的特征峰，表明 Bi$_2$O$_3$/g-C$_3$N$_4$ 异质结构复合材料被成功制备。

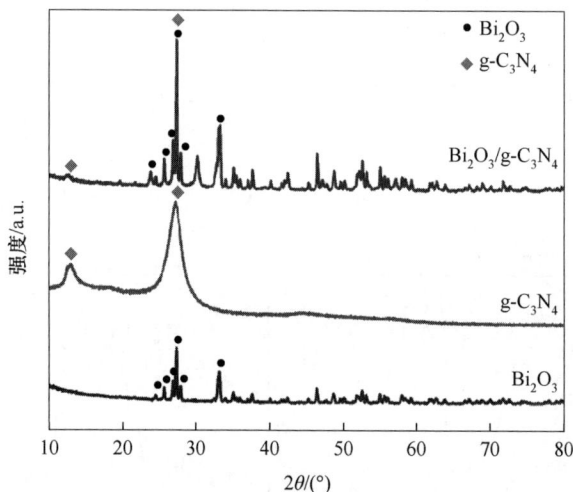

图 8-3　Bi$_2$O$_3$、g-C$_3$N$_4$、g-C$_3$N$_4$/Bi$_2$O$_3$ 的 XRD 谱

8.4.4　g-C$_3$N$_4$/Bi$_2$O$_3$ 异质结构的 XPS 分析

为了进一步确认组成样品元素的价态，对 Bi$_2$O$_3$/g-C$_3$N$_4$ 复合材料进行了 XPS

表征，其相应的 C 1s、N 1s、Bi 4f 和 O 1s 的 XPS 高分辨图谱全谱图和分谱图分别如图 8-4、图 8-5 所示。如图 8-5（a）所示，在 C 1s 的高分辨 XPS 谱图中，位于 284.5 eV 的特征峰来自石墨碳（C＝C 键），而较高结合能处 287.5 eV 的峰归属于 sp^2 杂化碳（C—N）[8-9]。图 8-5（b）为 Bi$_2$O$_3$/g-C$_3$N$_4$ 异质结构的 N 1s 的 XPS 谱图，能够看到明显的位于 398.7 eV 的特征峰，对应于 g-C$_3$N$_4$ 的三嗪环中 sp^2 杂化的 N 原子[10]。在 Bi 4f 的高分辨率 XPS 图谱（图 8-5（c））中观察到了位于低结合能处的 Bi 4f$_{7/2}$ 和较高结合能处的 Bi 4f$_{5/2}$ 特征峰，表明元素 Bi 的价态为 +3[11]。图 8-5（d）为 O 1s 的 XPS 图谱，在 532.8 eV 处的 O 1s 峰与 Bi$_2$O$_3$ 的 Bi—O 键有关。因此，进一步证明了所制备的复合材料为 Bi$_2$O$_3$/g-C$_3$N$_4$ 异质结构。

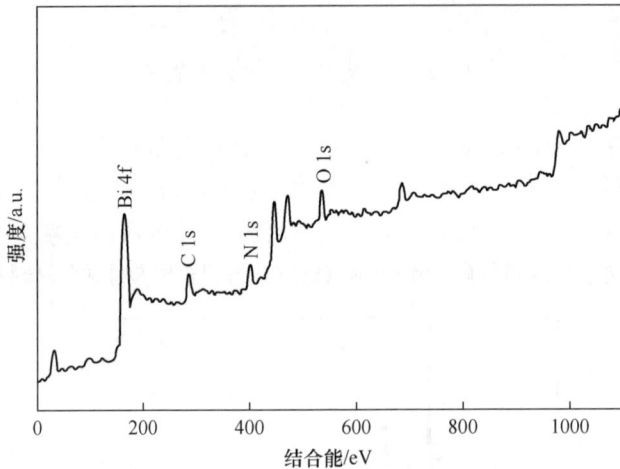

图 8-4　g-C$_3$N$_4$/Bi$_2$O$_3$ 异质结构的 XPS 全谱图

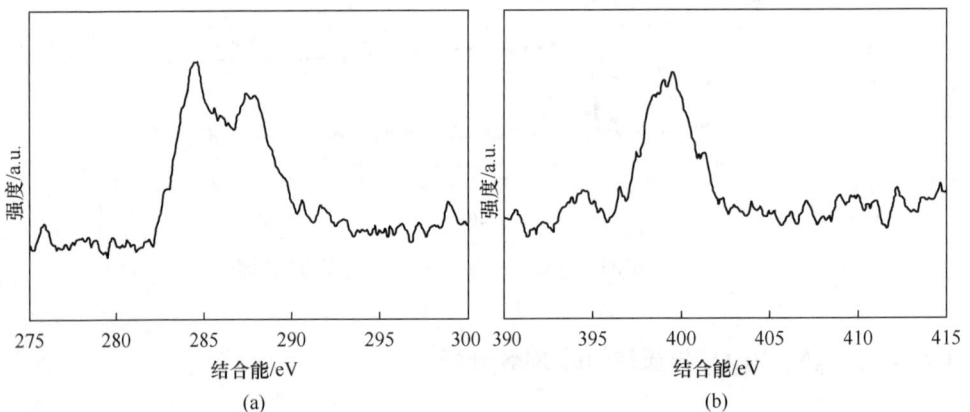

(a)　　　　　　　　　　　　　(b)

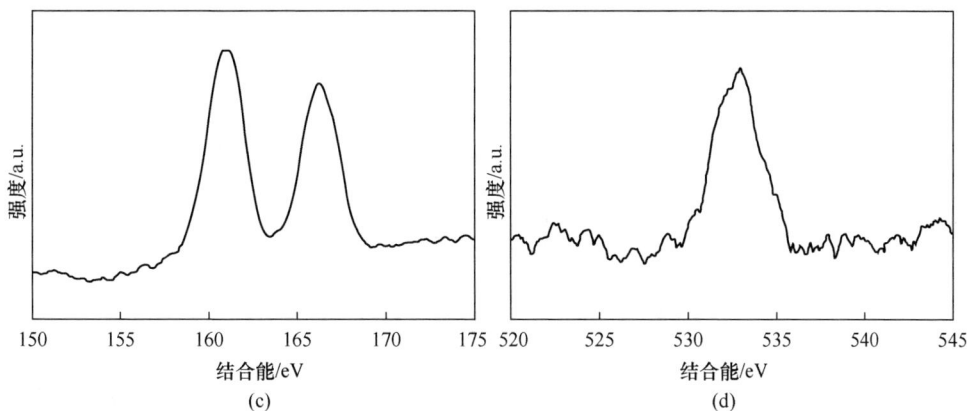

图 8-5　g-C₃N₄/Bi₂O₃ 异质结构的 XPS 分谱图

（a）C 1s；（b）N 1s；（c）Bi 4f；（d）O 1s

8.4.5　g-C₃N₄/Bi₂O₃ 自供能紫外探测器的性能研究

基于所制备的 Bi₂O₃/g-C₃N₄ 复合材料，制备了紫外探测器。在零偏压下，通过重复开光 10 s 和关光 10 s 研究了该器件在黑暗和紫外线照射条件下的光电探测性能，结果如图 8-6 所示。当紫外线（20 mW/cm²）照射时，Bi₂O₃/g-C₃N₄ 紫外探测器立即产生光电流并迅速上升至最大值（0.43 μA）保持稳定。关闭紫外线后，光电流立即下降并回到初始状态。值得注意的是，在循环 7 个周期后，该器件的最大光电流基本保持不变，说明 Bi₂O₃/g-C₃N₄ 紫外探测器具有较好的循环稳定和可重复性。此外，在相同条件下对基于单一 Bi₂O₃ 纳米块制备的紫外探测器的性能也进行了研究。结果表明当 Bi₂O₃ 纳米块紫外探测器暴露在紫外线下时，其光电流能够快速上升达到最大值约 0.21 μA；无光照时，光电流也能快速下降到初始值。这说明基于单一 Bi₂O₃ 纳米块的光电探测器对紫外线显示出一定的探测能力，并且具有良好的循环稳定性。然而，与 Bi₂O₃/g-C₃N₄ 紫外探测器相比，Bi₂O₃ 纳米块紫外探测器的光电流降低了约 0.22 μA，这表明基于 Bi₂O₃/g-C₃N₄ 复合材料的探测器明显提升了对紫外线的探测能力。

响应速度是评价探测器探测能力的重要参数之一。响应速度通常由从最大光电流的 10% 上升至其 90% 所需的上升时间（$\tau_\text{上}$）和光电流从其最大值的 90% 下降至其 10% 所需的下降时间（$\tau_\text{下}$）来衡量的[12]。为了获得所制备器件的响应速度，将其响应特性曲线图中的一个周期放大，如图 8-7（a）和（b）所示。通过计算得到 Bi₂O₃/g-C₃N₄ 紫外探测器的 $\tau_\text{上}$ 约为 181.7 ms，$\tau_\text{下}$ 约为 426.3 ms，表明 Bi₂O₃/g-C₃N₄ 异质结构光电探测器能够稳定快速地对紫外线进行探测。

为了研究不同光强下 Bi₂O₃/g-C₃N₄ 紫外探测器的光电探测性能，对所制备器

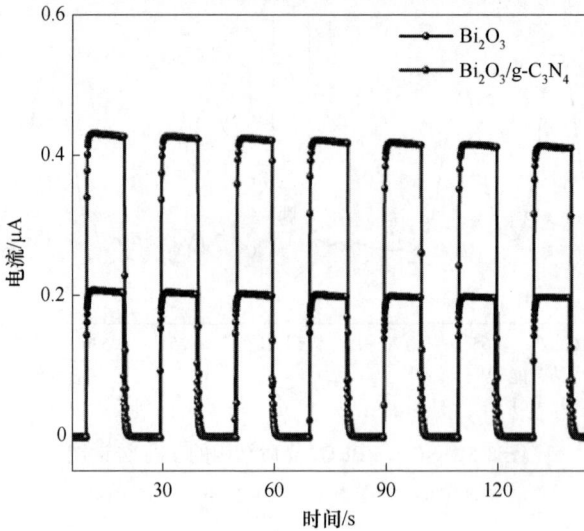

图 8-6 彩图

图 8-6　Bi₂O₃ 和 g-C₃N₄/Bi₂O₃ 光电探测器在开关紫外线
环境下的响应特性曲线图

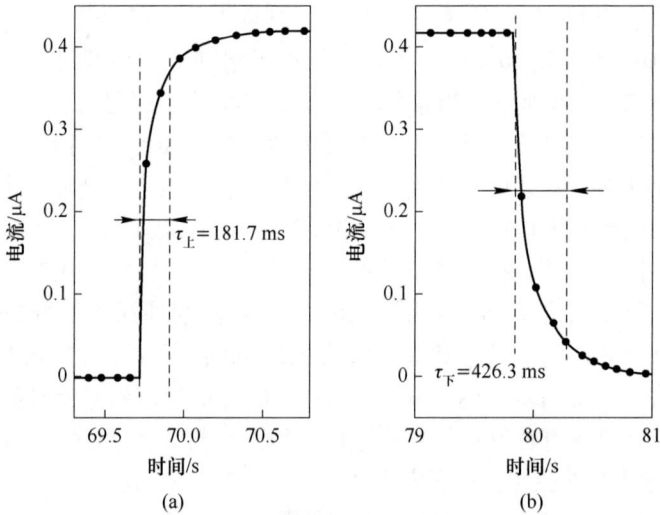

图 8-7　g-C₃N₄/Bi₂O₃ 光电探测器在开关紫外线瞬间的响应图
（a）上升时间；（b）下降时间

件在不同光功率密度下的光响应特性进行了测试，结果如图 8-8（a）所示。可以看到，即使在较低功率密度（2 mW/cm²）的紫外线照射下，该器件产生的光电流也迅速上升，且最大值仍然能够达到 0.098 μA，经过多个周期循环后，最大光电流没有明显衰减。同时注意到 Bi₂O₃/g-C₃N₄ 紫外探测器的光电流随着入射紫外光功率密度的增强而增加到 0.93 μA（40 mW/cm²），具有明显的依赖关系。

为了进一步研究两者之间的关系，对具有不同功率密度的紫外线照射下的光电流进行了拟合，结果如图 8-8（b）所示。显然，随着入射紫外光功率密度的增加，光电流近似呈线性增加，这表明 $Bi_2O_3/g\text{-}C_3N_4$ 紫外探测器的光电流与入射光强具有良好的线性关系，其能够对具有不同光强的紫外线实现稳定探测。图 8-8（c）给出了 $Bi_2O_3/g\text{-}C_3N_4$ 紫外探测器在不同光强的紫外线照射下的开关比，可以看出，其在 40 mW/cm² 的紫外线照射下的开关比最高，其值约为 1313，表明该器件具有较高的灵敏度。响应度是评估光电探测器性能的重要参数之一，因此计算了 $Bi_2O_3/g\text{-}C_3N_4$ 异质结构紫外探测器在不同光强下的响应度[13]，如图 8-8（d）所示。显然，该器件的响应度在 2 mW/cm² 的紫外线照射下可达 0.17 mA/W，表明 $Bi_2O_3/g\text{-}C_3N_4$ 紫外探测器在光电探测领域具有潜在的应用前景。

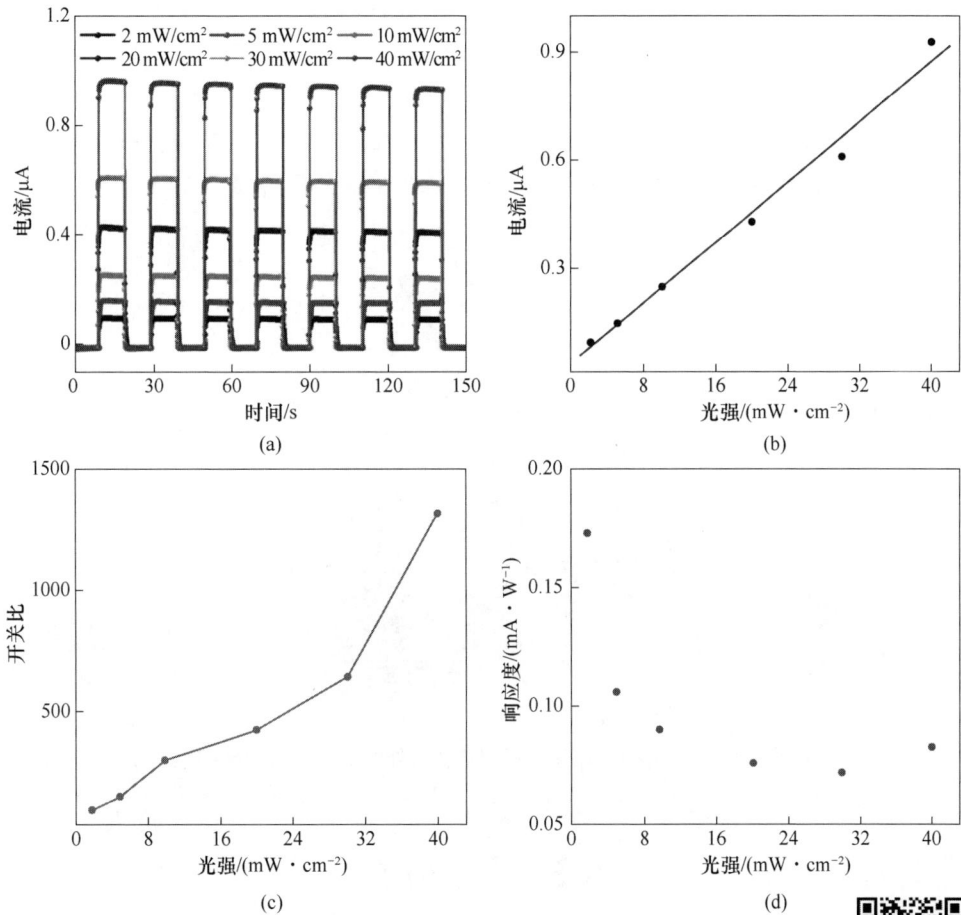

图 8-8 g-C₃N₄/Bi₂O₃ 光电探测器在不同功率时开关紫外线
环境下的响应特性曲线图（a）、电流-光强曲线图（b）、
开关比-光强曲线图（c）及响应度-光强曲线图（d）

图 8-8 彩图

8.4.6　g-C$_3$N$_4$/Bi$_2$O$_3$ 自供能紫外探测器的机理研究

基于以上结果，对 Bi$_2$O$_3$/g-C$_3$N$_4$ 紫外探测器的探测机理进行了分析，如图 8-9 所示。当 Bi$_2$O$_3$/g-C$_3$N$_4$ 紫外探测器暴露在紫外线下时，Bi$_2$O$_3$（g-C$_3$N$_4$）吸收大于其带隙的紫外线后，光生电子会从 Bi$_2$O$_3$（g-C$_3$N$_4$）的价带激发到导带，并在 Bi$_2$O$_3$（g-C$_3$N$_4$）的价带上留下同等数量的空穴，进而使 Bi$_2$O$_3$（g-C$_3$N$_4$）产生光生电子-空穴对。由于 g-C$_3$N$_4$ 的价带顶和导带底位置均比 Bi$_2$O$_3$ 高，两者耦合能够形成典型的 Ⅱ 型能带结构[5]。因此在内建电场的作用下，电子会从 g-C$_3$N$_4$ 的导带向 Bi$_2$O$_3$ 迁移，而空穴从 Bi$_2$O$_3$ 的价带跃迁至 g-C$_3$N$_4$ 的价带，进而使 Bi$_2$O$_3$/g-C$_3$N$_4$ 复合材料的光生电子-空穴对有效分离，从而提高了光响应电流。随后，光生电子通过外电路输运到对电极，与碘电解液中的 I$_3^-$ 反应生成 I$^-$。而迁移到 g-C$_3$N$_4$ 表面的光生空穴则被 I$^-$ 捕获形成 I$_3^-$[14]。由此可见，电解质中的 I$^-$ 和 I$_3^-$ 能够循环利用，使 Bi$_2$O$_3$/g-C$_3$N$_4$ 光电探测器能够实现对紫外线的持续探测。当关闭紫外线后，Bi$_2$O$_3$ 和 g-C$_3$N$_4$ 不再产生光生载流子，并随着之前积累的光生电子和空穴被快速消耗，Bi$_2$O$_3$/g-C$_3$N$_4$ 光电探测器迅速恢复至初始状态。

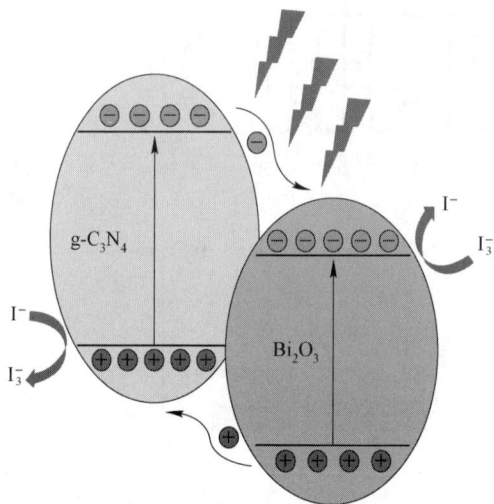

图 8-9　g-C$_3$N$_4$/Bi$_2$O$_3$ 光电探测器在紫外线照射下的探测机理

8.5　本章小结

本章中采用热聚法合成 g-C$_3$N$_4$ 纳米片，并利用 g-C$_3$N$_4$ 样品和第 3 章已获得的 Bi$_2$O$_3$ 通过溶液法成功制备出 g-C$_3$N$_4$/Bi$_2$O$_3$ 异质结构，随后用 SEM、EDS、

XRD 和 XPS 对 g-C_3N_4/Bi_2O_3 样品进行表征分析，并将 g-C_3N_4/Bi_2O_3 样品制成自供能紫外探测器件，对其性能展开研究，最后对其形成机理进行探究。主要的实验结果如下：

（1）在扫描电子显微镜分析中发现，g-C_3N_4/Bi_2O_3 在低倍镜下的形貌与 g-C_3N_4 和 Bi_2O_3 差距不大，在高倍镜观察到异质结构兼具 Bi_2O_3 和 g-C_3N_4 的特点，表面上存在着大量细小的粒子，从而使平滑的薄片表面变得粗糙，同时纳米片与纳米片之间的堆积程度降低，交叉重叠的部分增多，从而使得整体结构变得更加紧凑和清晰。在 EDS 能谱仪的分析中发现，该样品存在分别属于 g-C_3N_4 和 Bi_2O_3 的 C、N、Bi 和 O 这四种元素，且除了 Si 衬底的特征峰之外无其他特征峰存在，样品的纯度较高。在 X 射线衍射分析中发现，g-C_3N_4/Bi_2O_3 样品的 XRD 谱图衍射峰与 g-C_3N_4 和单斜相 Bi_2O_3 的衍射峰相对应，且基本没有其他峰存在，说明已成功制备出 g-C_3N_4/Bi_2O_3 异质结构，且具有较高的纯度。在 X 射线光电子能谱分析中发现，该样品存在 C、N、Bi 和 O 这四种元素。进一步分析验证 g-C_3N_4/Bi_2O_3 异质结构是由 Bi_2O_3 和 g-C_3N_4 共同组成，且 g-C_3N_4 与 Bi_2O_3 之间存在一定的相互作用。

（2）从紫外探测器性能研究结果发现，基于 Bi_2O_3 和 g-C_3N_4/Bi_2O_3 的光电探测器均可探测紫外线，且响应速度快、稳定性好。在零偏压时，可以测量到的光响应电流显示了该器件的自供能特性。对响应曲线的进一步分析说明基于 g-C_3N_4/Bi_2O_3 的光电探测器的光电流相较于基于 g-C_3N_4 和 Bi_2O_3 的有更高的光响应电流、更快的响应速度，总体性能更为优越。对不同紫外线强度下 g-C_3N_4/Bi_2O_3 光电探测器的光电流密度研究表明，g-C_3N_4/Bi_2O_3 异质结构对紫外线具有良好的检测能力，对各种紫外线强度具有良好的稳定性。电流密度和光强有很强的相关性，在 2~40 mW/cm^2 的光强范围内，光电流密度近似呈线性增加，说明光诱导载流子效率与接收的光子通量正相关。这些结果表明，g-C_3N_4/Bi_2O_3 异质结构可以在较宽的紫外强度范围内实现准确的检测。

（3）对 g-C_3N_4/Bi_2O_3 异质结构光电探测器的探测机理研究表明，该异质结构为典型的 Ⅱ 型能带结构，实现了光生载流子的有效分离，电解质中的 I^- 和 I_3^- 可以循环再利用，电荷迁移有效地延迟了异质结构中电子-空穴对的复合，进而显著提高了光生电流，进一步说明该光电探测器能够很好地实现对紫外线的探测。

参 考 文 献

[1] Fang H, Ma H, Zheng C, et al. A high-performance transparent photodetector via building hierarchical g-C_3N_4 nanosheets/CNTs van der Waals heterojunctions by a facile and scalable approach [J]. Applied Surface Science, 2020, 529: 147122.

[2] Reddeppa M, Kimphung N T, Murali G, et al. Interaction activated interfacial charge transfer in

2D g-C$_3$N$_4$/GaN nanorods heterostructure for self-powered UV photodetector and room temperature NO$_2$ gas sensor at ppb level [J]. Sensors and Actuators B: Chemical, 2021, 329: 129175.

[3] Li Y, Wu S, Huang L, et al. g-C$_3$N$_4$ modified Bi$_2$O$_3$ composites with enhanced visible-light photocatalytic activity [J]. Journal of Physics and Chemistry of Solids, 2015, 76: 112-119.

[4] Alhaddad M, Navarro R M, Hussein M A, et al. Bi$_2$O$_3$/g-C$_3$N$_4$ nanocomposites as proficient photocatalysts for hydrogen generation from aqueous glycerol solutions beneath visible light [J]. Ceramics International, 2020, 46 (16): 24873-24991.

[5] Pei X Q, An W X, Zhao H L, et al. Enhancing visible-light degradation performance of g-C$_3$N$_4$ on organic pollutants by constructing heterojunctions via combining tubular g-C$_3$N$_4$ with Bi$_2$O$_3$ nanosheets [J]. Journal of Alloys and Compounds, 2023, 934: 167928.

[6] Zhang L R H, Shen Q H, Zheng S H, et al. Direct electrospinning preparation of Z-scheme mixed-crystal Bi$_2$O$_3$/g-C$_3$N$_4$ composite photocatalysts with enhanced visible-light photocatalytic activity [J]. New Journal of Chemistry, 2021, 45: 14522-14531.

[7] Ma Z Y, Hu L L, Li X B, et al. A novel nano-sized MoS$_2$ decorated Bi$_2$O$_3$ heterojunction with enhanced photocatalytic performance for methylene blue and tetracycline degradation [J]. Ceramics International, 2019, 45 (13): 15824-15833.

[8] Chen K L, Yan J Q, Sun D D, et al. Electron-donating tris (p-fluorophenyl) phosphine-modified g-C$_3$N$_4$ for photocatalytic hydrogen evolution and p-chlorophenol degradation [J]. International Journal of Hydrogen Energy, 2021, 46: 1976-1988.

[9] Liao Q, Yan S R, Linghu W S, et al. Impact of key geochemical parameters on the highly efficient sequestration of Pb (II) and Cd (II) in water using g-C$_3$N$_4$ nanosheets [J]. Journal of Molecular Liquids, 2018, 258: 40-47.

[10] Zhang J, Tian J, Hao X, et al. Synergistic effect of CdS/ZnO/g-C$_3$N$_4$ ternary component for photocatalytic degradation of dyes [J]. Fine Chemicals, 2019, 7: 1439-1445.

[11] He X, Zhou D, Li C, et al. Bi-doped and Bi/Er co-doped calcium aluminum germnnate glasses with ultra-broadband infrared luminescence [J]. Acta Photonica Sinica, 2014, 43 (3): 0316001.

[12] Gu K Y, Zhang Z L, Huang H F, et al. Tailoring photodetection performance of self-powered Ga$_2$O$_3$ UV solar-blind photodetectors through asymmetric electrodes [J]. Journal of Materials Chemistry C, 2023, 11: 5371-5377.

[13] Roshan H, Ravanan F, Sheikhi M H, et al. High-detectivity near-infrared photodetector based on Ag$_2$S nanocrystals [J]. Journal of Alloys and Compounds, 2021, 852: 156948.

[14] Li X D, Gao C T, Duan H D, et al. Nanocrystalline TiO$_2$ film based photoelectrochemical cell as self-powered UV-photodetector [J]. Nano Energy 2012, 1: 640-645.

9 SnO₂ 及 ZnO/SnO₂ 紫外探测器

9.1 引　　言

　　紫外光的探测在辐射监测、生化分析、天文学和导弹发射等领域中具有重要的作用，人们对高性能紫外探测器的需求不断增长。在各种紫外探测器中，光电倍增管体积较大且需要高功率电源；热探测器探测慢且响应与波长无关；而半导体探测器的体积小、重量轻、制造成本低，并且能利用半导体的光电效应实现对紫外线的快速响应和微小信号探测，具有广阔的发展前景[1-4]。在适合作为探测器光阳极的众多半导体中，SnO_2 和 ZnO 均具有宽带隙（分别为 3.6 eV 和 3.3 eV）和高电子迁移率特点，并且二者结合后能够形成 II 型能带结构，有利于光生电子-空穴的分离[5-7]。因此本章将主要研究 SnO_2 和 ZnO/SnO_2 异质结构的制备及其在紫外探测器上的应用。

9.2 ZnO/SnO₂ 异质结构紫外探测器的制备

9.2.1 SnO₂ 纳米颗粒的制备

　　实验中使用的透明导电玻璃 ITO 衬底在实验前用丙酮、乙醇和去离子水分别超声清洗 20 min。首先，使用磁控溅射仪，以射频溅射的方式在氧氩比为 18∶42 sccm、工作压强为 1.5 Pa、溅射功率为 100 W 的条件下，在 ITO 衬底的导电面上生长一层 ZnO 薄膜。然后将 ZnO 薄膜放入真空管式退火炉中，设置退火炉以 10 ℃/min 的升温速率从室温升至 450 ℃，然后在空气中保温 2 h 从而去除 ZnO 样品中的应力，提升 ZnO 的结晶度和晶体的稳定性。

　　然后，以氟化亚锡（SnF_2）为原料，使用液相沉积法来制备 SnO_2。先称量 5 mmol 的 SnF_2 并将其溶解到盛有 100 mL 去离子水的烧杯中，用保鲜膜将烧杯口封住防止溶液溅出或挥发掉，最后用磁力搅拌器将溶液搅拌均匀。将 ZnO 薄膜导电面朝上，平行于烧杯底部放入到盛有氟化亚锡溶液的烧杯中浸泡 2 h，并用保鲜膜封住烧杯口防止外界物质影响反应。反应结束后，分别用酒精和去离子水轻轻地冲洗 ITO 衬底，将样品表面的离子和杂质清洗掉，然后将其置于空气中自然风干。将风干后的样品放入真空管式退火炉中，升温速率 10 ℃/min 升至 600 ℃，然后在空气中保温 2 h。待退火炉内冷却后取出 SnO_2 样品。

9.2.2 ZnO/SnO$_2$ 异质结构的制备

在 ITO 衬底的导电面上生长一层 SnO$_2$ 纳米颗粒。然后使用射频磁控溅射仪，在氧氩比为 18∶42 sccm、工作压强为 1.5 Pa、溅射功率为 100 W 的条件下在长有 SnO$_2$ 的 ITO 衬底上再溅射 2 min 来制备 ZnO 种子层。接着将长有样品的 ITO 衬底放入真空管式退火炉中，以 10 ℃/min 的升温速度从室温升至 450 ℃ 退火提升样品的结晶度和稳定性。

称量 0.3 mmol 的乙酸锌与 0.3 mmol 的六次甲基四胺，然后分别溶解到盛有 15 mL 去离子水的烧杯中用磁力搅拌器搅拌 10 min，再将两种溶液混合到一起后再搅拌 10min 就制备得到了水热反应的前驱溶液。将前驱溶液转移到反应釜中，然后将长有 SnO$_2$ 和 ZnO 的 ITO 衬底垂直于反应釜底部插入并固定。将反应釜放入电热恒温干燥箱中，反应温度 95 ℃，保温 2 h。待自然冷却至室温后取出，用酒精和去离子水分别滴洗样品表面，然后在空气中自然晾干备用。

9.2.3 ZnO/SnO$_2$ 紫外探测器的组装

在前面制备的 Pt 电极和生长有 SnO$_2$ 八面体纳米颗粒（或 ZnO/SnO$_2$ 刺猬状异质结构）的 ITO 衬底之间夹上热封膜，使用热压机在 140 ℃ 条件下热压 14 s 使热封膜熔化黏合两个电极。然后在 Pt 电极上的小孔上用毛细管滴加少量的碘电解质，通过真空回填法使碘电解质注入两个电极中的间隙中。最后使用热封膜黏合 Pt 电极和盖玻片，将 Pt 电极上的小孔封上即完成自供能紫外探测器的制备。本实验所制备的自供能紫外探测器的结构示意图如图 9-1 所示。

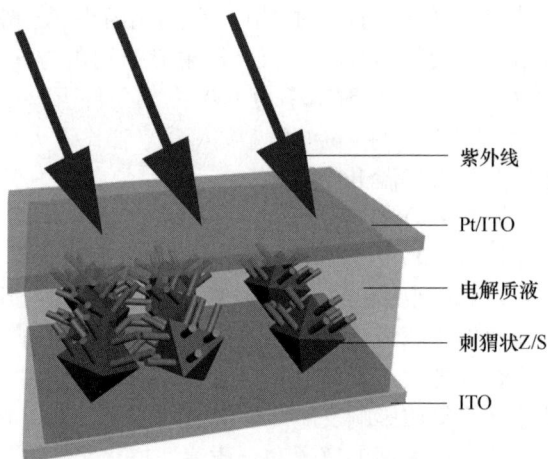

紫外线

Pt/ITO

电解质液

刺猬状Z/S

ITO

图 9-1   ZnO/SnO$_2$ 异质结构自供能紫外探测器的结构图

以 365 nm 的紫外线作为模拟光源，测试制备的器件对紫外线的探测性能，将器件连入电化学分析仪的电路中并固定住，然后将设置好波长和光功率密度的紫外光源正对器件进行周期性开关变换，从而测得器件在紫外线的出现与消失时相对应的电流变化。测试光谱响应时，需要将器件在测试用的暗室中固定住并连入太阳能电池测试系统，然后光阳极对准测试系统的光源即可进行测试。

9.3　SnO₂ 纳米颗粒的表征

9.3.1　SnO₂ 样品的 SEM 分析

实验反应完成后，SnO₂ 样品表现为乳白色沉淀，并且稳固地生长在 ITO 衬底的导电面上形成光滑的白色面，其扫描电子显微镜图像如图 9-2 所示。图 9-2（a）为在低放大倍数下拍摄到的图像，从图上可以观察到许多大小均匀和外形相近的块状物体随机且紧密地覆盖在 ITO 衬底上。为了进一步了解这些块状物体的结构，使用扫描电子显微镜拍摄了块状物体的高倍图像（图 9-2（b））。从图 9-2 中可以发现块状物体是平均对角线长度为 800 nm 的八面体纳米颗粒，并且八面体块的表面非常光滑。

图 9-2　SnO₂ 样品的 SEM 图

（a）低倍图；（b）高倍图

9.3.2　SnO₂ 样品的 EDS 分析

EDS 能谱分析的结果如图 9-3 所示，图 9-2 为 EDS 能谱分析的扫描区域。从 EDS 能谱仪扫描的结果来看，Sn 元素和 O 元素的特征 X 射线对应的能量显示出极高的强度，说明样品中含有的化学元素为这两种元素，符合 SnO₂ 的元素组成。

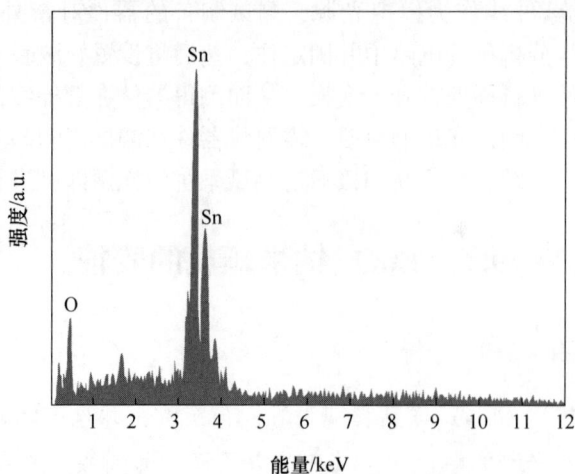

图 9-3　SnO₂ 样品的 EDS 能谱

9.3.3　SnO₂ 样品的 XRD 分析

为了对 SnO₂ 纳米颗粒的晶体结构进行研究，对其进行了 XRD 测试，结果如图 9-4 所示。

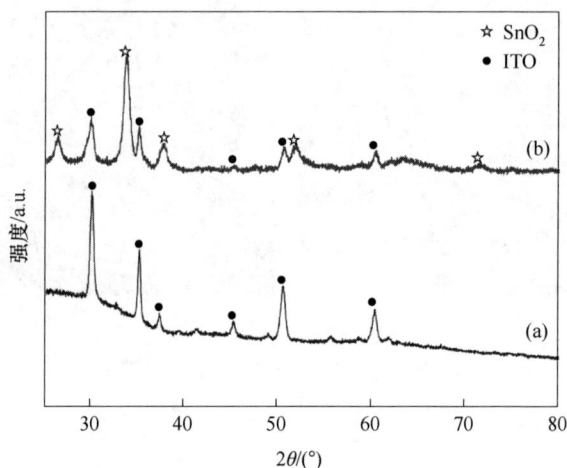

图 9-4　ITO 衬底和 SnO₂ 的 XRD 谱

图 9-4 曲线（a）显示的曲线为 ITO 衬底的衍射图像，其相应的衍射峰在图上用黑色实心圆表示。图 9-4 曲线（b）为 SnO₂ 样品的衍射图像，其中黑色实心圆（•）标注的同样是 ITO 衬底的衍射峰，而空心星型（☆）标注的是 SnO₂ 的衍射峰。对比曲线（a）ITO 衬底的衍射图像可以发现，在曲线（b）中除了 ITO 的

衍射峰还可以发现许多新的衍射峰，而这些衍射峰都与 JCPDS No. 72-1147 的标准四方晶型 SnO_2 的衍射峰完全吻合。具体地，曲线（b）中除了 ITO 的衍射峰外，其余的峰从左至右分别能对应标准四方晶型 SnO_2 的（110）、（101）、（200）、（211）、（202）晶面的衍射峰。这说明成功地在 ITO 上生长了 SnO_2 样品，并且 SnO_2 的晶体结构为四方晶型。

9.4 SnO₂ 形貌形成机理研究

基于以上的实验结果，SnO_2 八面体纳米颗粒的可能形成过程示意图如图 9-5 所示。首先在透明导电玻璃 ITO 上溅射一层 ZnO 薄膜，随后将镀有 ZnO 薄膜的 ITO 退火后浸泡在 SnF_2 溶液中通过液相沉积法浸泡 2 h 反应得到 SnO_2 八面体纳米颗粒。在整个反应过程中比较关键的部分是采用液相沉积法使 ZnO 反应得到 SnO_2 的这一步，一方面完成了化学反应的物质转换，另一方面实现了 SnO_2 八面体结构的形成。在 SnF_2 溶液中，SnF_2 和 SnO_2 的可逆反应处于动态平衡，如化学反应方程式（9-1）所示，并且通过将 ZnO 膜浸入 SnF_2 溶液中来打破平衡。ZnO 和 H^+ 之间的反应（化学反应方程式（9-2））使方程式（9-1）倾向于生成 SnO_2。最后，SnF_2 方程式（9-1）的水解和 ZnO 方程式（9-2）的溶解相互促进，导致 SnO_2 的生产和 ZnO 的消耗，完成 ITO 导电面上的物质从 ZnO 到 SnO_2 的转换。根据晶体生长的热力学原理和 Wuff 定理，晶体的平衡形状具有最小的总表面能，并且将暴露出具有较低表面能的面。因此，八面体 SnO_2 主要暴露低表面能（101）晶面，与 XRD 谱一致。而晶体朝（101）面生长的结果便是形成 SnO_2 八面体纳米颗粒[8-9]。

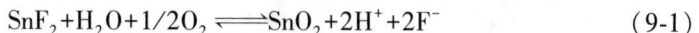

$$SnF_2 + H_2O + 1/2O_2 \rightleftharpoons SnO_2 + 2H^+ + 2F^- \tag{9-1}$$

$$ZnO + 2H^+ \rightleftharpoons Zn^{2+} + H_2O \tag{9-2}$$

图 9-5　SnO_2 八面体纳米颗粒的形成过程示意图

9.5 ZnO/SnO₂ 异质结构的表征

9.5.1 ZnO/SnO₂ 异质结构的 SEM 分析

图 9-6（a）和（b）分别为制备得到的 SnO_2 样品的 SEM 表征结果，其形貌为平均对角线长度为 800 nm 八面体状的纳米颗粒。图 9-6（c）展示了在水热过

程之后的 ZnO/SnO₂ 异质结构的形貌图像，可以发现 SnO₂ 八面体块的结构已经不见，取而代之的是新的刺猬类分层体系结构。该分层体系结构大致上保留了 SnO₂ 纳米颗粒的分布特点，但体积比 SnO₂ 变得更大，在同样的放大倍数下观察到的刺猬状结构更少也更分散。从图 9-6（d）高倍 SEM 图像可以看出，SnO₂ 纳米颗粒被大量长度 400～500 nm 的 ZnO 纳米棒覆盖。这些 ZnO 纳米棒沿着与 SnO₂ 八面体纳米颗粒表面垂直的方向生长并紧密堆积形成刺猬状结构。这些 ZnO 纳米棒中沿着同一面生长的相互平行，而沿着不同面生长的相互交错到一起。

图 9-6　SnO₂ 八面体纳米颗粒的 SEM 图（a）（b）及 ZnO/SnO₂
刺猬状异质结构的 SEM 图（c）（d）

9.5.2　ZnO/SnO₂ 异质结构的 EDS 分析

如图 9-7 所示为刺猬状 ZnO/SnO₂ 异质结构的 EDS 面扫能谱图。其中图 9-7（a）为扫描电子显微镜拍摄到的用于面扫的区域，可以发现 SnO₂ 八面体块上附着的部分 ZnO 纳米棒已经被超声破坏，但基本保持着原来的纳米棒-纳米块结构分布。此外，该图进一步证实了 ZnO 纳米棒是垂直于 SnO₂ 八面体块的光滑表面生长。图 9-7（b）~（d）分别为图 9-7（a）所示区域对 Sn、Zn、O 元素的面扫图。在八面体块和纳米棒结构中分别检测到 Sn 和 Zn 元素，并且在整个刺猬状结构中均能检测到 O 元素，这证实了刺猬 ZnO/SnO$_2$ 异质结构是由 ZnO 纳米棒和 SnO$_2$ 八面体纳米颗粒构成的。

图 9-7　ZnO/SnO$_2$ 刺猬状异质结构的 SEM 图（a）及对应区域的 Sn 元素（b）、Zn 元素（c）、O 元素（d）的面扫图

图 9-7 彩图

9.5.3　ZnO/SnO$_2$ 异质结构的 TEM 分析

图 9-8 为 ZnO/SnO$_2$ 刺猬状异质结构透射电子显微镜图。ZnO/SnO$_2$ 刺猬状异质结构的 TEM 图像如图 9-8（a）所示，可以观察到被震碎的 SnO$_2$ 八面体纳米颗粒和 ZnO 纳米棒。刺猬状样品结构的损坏可能是 TEM 样品制备过程中的超声波处理造成的。图 9-8（b）所示为 SnO$_2$ 八面体纳米颗粒的高分辨透射电子显微镜（HRTEM）图像（选取拍摄高分辨图像的位置为图 9-8（a）中用圆圈 I 标记的部分）。图中用两条平行的线条标记的晶格条纹间距为 0.328 nm，对应于四方晶型 SnO$_2$ 的（110）面的晶面间距。ZnO 纳米棒的高分辨透射电镜图像如图 9-8（c）所示（选取拍摄高分辨的位置为图 9-8（a）中圆圈 II 标记的部分），图中以

两条平行的线条标记的相邻晶格条纹间距为 0.286 nm，对应于六方晶型 ZnO 的 (100) 面的晶面距离。因此确定了八面体纳米颗粒和纳米棒中的物质分别为 SnO$_2$ 和 ZnO。

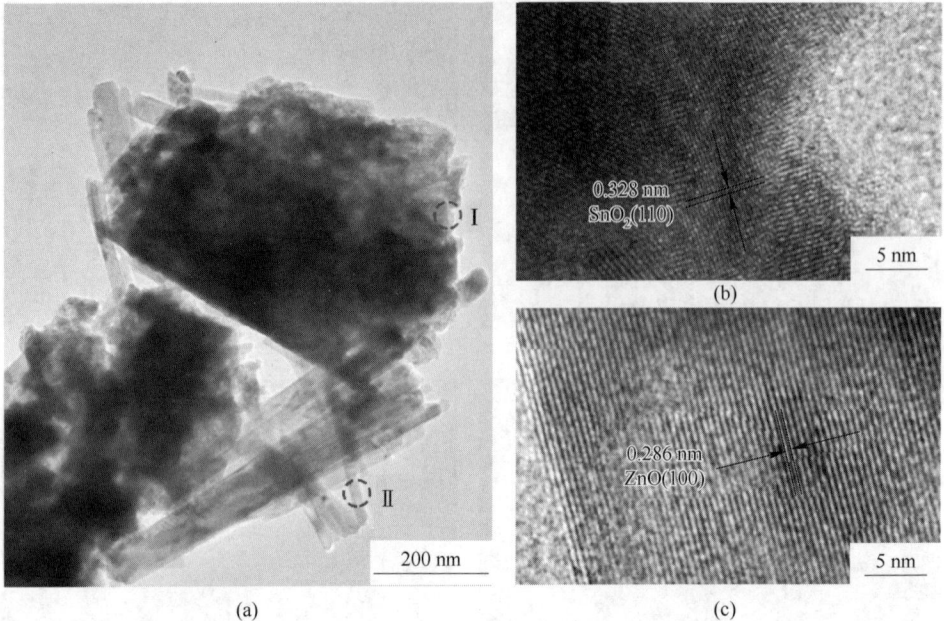

图 9-8　ZnO/SnO$_2$ 异质结构的 TEM 图和 HRTEM 图

(a) TEM 图；(b) 块状结构的 HRTEM 图；(c) 棒状结构的 HRTEM 图

9.5.4　ZnO/SnO$_2$ 异质结构的 XRD 分析

图 9-9 中用 XRD 分析 SnO$_2$ 八面体纳米颗粒和刺猬状 ZnO/SnO$_2$ 异质结构。图 9-9 中曲线 (a) 为 ITO 的 XR 谱，用黑色实心圆 (•) 标注出来的是 ITO 的衬底峰。图 9-9 中曲线 (b) 是 SnO$_2$ 样品的 XRD 谱，上面分别用黑色实心圆和黑色空心星形 (✩) 标注了 ITO 衬底和四方晶型 SnO$_2$ 的峰。曲线 (c) 为刺猬状 ZnO/SnO$_2$ 异质结构样品的 XRD 谱，分别用黑色实心圆、黑色空心星形和黑色空心菱形 (◇) 标注了 ITO 衬底、SnO$_2$ 和 ZnO 的衍射峰。图 9-9 (c) 和图 9-4 (b) SnO$_2$ 具有相同的晶体结构（JCPDS No. 72-1147，四方晶型），对应晶面为 (110) 和 (211) 晶面，说明从 SnO$_2$ 八面体纳米颗粒到刺猬状 ZnO/SnO$_2$ 异质结构的制备过程中 SnO$_2$ 没有发生晶体结构上的改变。此外，经过进一步的分析还发现，除了 ITO 衬底和 SnO$_2$ 的衍射峰，其余的用黑色空心菱形标注的峰可以很好地分别与 JCPDS NO. 36-1451 的六方晶型 ZnO 中的 (100)、(002)、(101)、(102)、(110) 和 (103) 晶面匹配。因此，结合前面对 ZnO/SnO$_2$ 异质结构样品的形貌、

晶体结构和元素组成及分布的分析结果可知，样品是由四方晶型 SnO_2 组成的八面体块状结构和六方晶型 ZnO 组成的棒状结构复合形成的具有刺猬状形貌的 ZnO/SnO_2 异质结构。

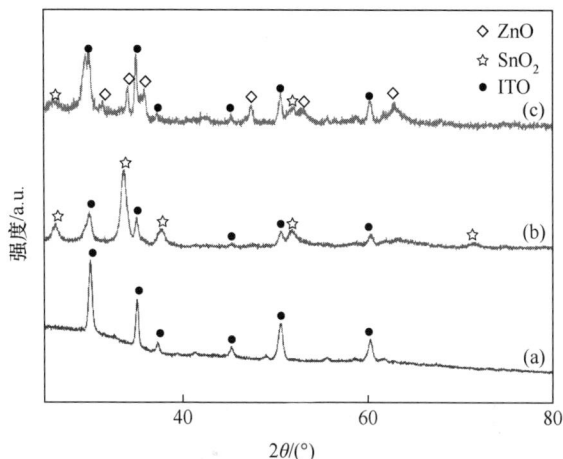

图 9-9　ITO 衬底、SnO_2 和 ZnO/SnO_2 异质结构的 XRD 谱

9.5.5　ZnO/SnO₂ 异质结构的 XPS 分析

图 9-10 为使用 XPS 对 ZnO/SnO_2 异质结构样品分析的结果。由于 XPS 能谱仪测量的是样品表面非常浅的范围，因此为了去掉样品表面残留的杂质，在测试前需要对样品进行减薄，减薄的时间为 2 min。图 9-10（a）展示了 ZnO/SnO_2 异质结构的 XPS 全谱图，从图中可以发现 Zn、O、Sn 三种元素的存在，符合 ZnO/SnO_2 异质结构的元素组成。图 9-10（b）为 O 1s 的高分辨光谱，从中能发现结合能为 530.9 eV 处出现了 O 1s 峰，也就是 O^{2-} 的电子。Sn 3d 的高分辨 XPS 能谱如图 9-10（c）所示，从图上结合能分别为 486.8 eV 和 495.5 eV 处能找到 Sn 3d 的峰位，对应于 Sn^{4+}。因此，由图 9-10（b）和（c）中对 O 1s 和 Sn 3d 的分析再结合前面 EDS 测试的元素分布图可知，在八面体块中存在的物质是 SnO_2。如图 9-10（d）Zn 2p 的 XPS 高分辨光谱所示，在结合能分别为 1024.7 eV 和 1047.9 eV 处能找到 Zn^{2+} 离子对应的 2p 轨道电子，证明了纳米棒中的物质为 ZnO[10]。

9.5.6　ZnO/SnO₂ 异质结构的形貌演变研究

为了探索刺猬状形貌的演变过程，通过控制变量法获得了 ZnO/SnO_2 刺猬状异质结构的形态变化。在保持其他实验过程都不变的情况下，仅改变水热反应的反应时间来制备样品并通过 SEM 记录相应形貌演变的结果。本节中将水热法反

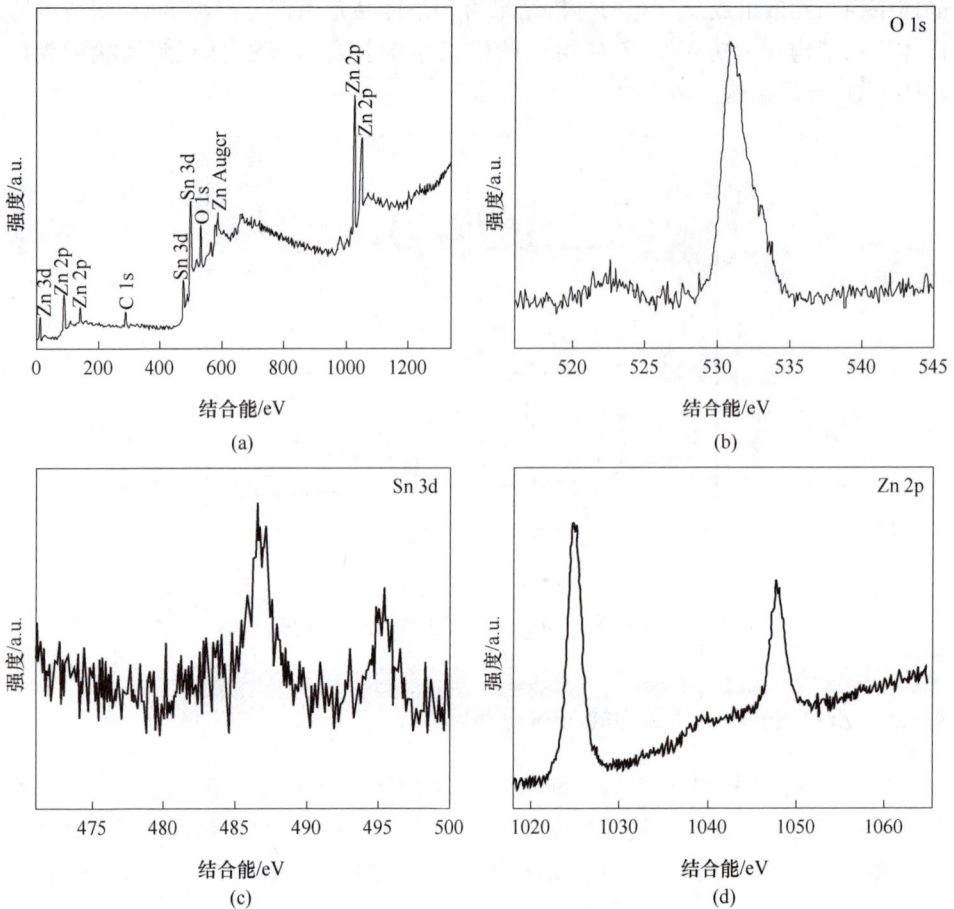

图 9-10　ZnO/SnO$_2$ 异质结构的 XPS 谱

（a）全谱图；（b）O 1s 精细谱；（c）Sn 3d 精细谱；（d）Zn 2p 精细谱

应时间调整为 10 min、30 min、90 min 和 240 min 以获得不同反应时间下 ZnO 对 SnO$_2$ 八面体块的包覆情况。如图 9-11（a）所示，水热反应 10 min 后，由于 ZnO 球形纳米颗粒的沉积，SnO$_2$ 八面体状纳米颗粒的表面开始从光滑变为粗糙。这些细小的 ZnO 球状纳米颗粒为后续 ZnO 纳米棒的生长提供了形核中心。如图 9-11（b）所示，当反应时间增加到 30 min 时，SnO$_2$ 八面体纳米颗粒上开始出现许多细而短的 ZnO 纳米棒，并且八面体结构开始变得模糊、相互之间的距离开始变大。将反应时间延长至 90 min 后，如图 9-11（c）所示，可观察到刺猬状的外观开始出现。此时的 ZnO 纳米棒的长度增大了，并且它们相互团聚使得纳米棒的直径也增大。如图 9-11（c）所示，当反应时间进一步增加到 120 min 时，ZnO 纳米棒长度和直径继续增长，ZnO/SnO$_2$ 刺猬状结构的大小也随之增大。随着反应时间增大到 240 min 时（图 9-11（d）），刺猬状的 ZnO/SnO$_2$ 异质结构消失，ZnO 纳米棒增长增粗并交叉在一起形成 ZnO 纳米阵列。由于 ZnO 纳米棒在 SnO$_2$ 八面体状纳米颗粒上垂直生长而不是在 ITO 衬底上，因此 ZnO 纳米阵列呈簇状结构（图 9-11（d）中的圆圈圈住部分）向所有方向生长。

图 9-11　不同水热反应时间得到 ZnO/SnO$_2$ 异质结构样品的形貌图
（a）10 min；（b）30 min；（c）90 min；（d）240 min

9.6　ZnO/SnO$_2$ 异质结构的形貌形成机理研究

ZnO/SnO$_2$ 刺猬状异质结构形成机制如图 9-12 所示。在 SnO$_2$ 上溅射一层 ZnO 薄膜后，SnO$_2$ 八面体块上会附着 ZnO 的形核中心。在水热反应条件下，ZnO 生长成为纳米棒状结构，ZnO/SnO$_2$ 异质结构形貌表现为刺猬状结构；但当水热反应时间过长时，ZnO 纳米棒生长得过长导致它们之间相互交错到一起从而遮挡了下方的 SnO$_2$ 八面体纳米颗粒。水热反应过程是典型的 ZnO 纳米棒的合成过程，其中六次甲基四胺被用作碱源和溶液 pH 的动力学缓冲剂（化学反应方程式（9-3））。当 ZnO 处于适当的 pH、温度和压强环境时，Zn(OH)$_2$ 中间体首先分解成 ZnO

（化学反应方程式（9-4）），然后在 ZnO 薄膜上成核，形成球形纳米颗粒 ZnO 的生长点。随着水热反应的进行，ZnO 在 SnO₂ 八面体纳米颗粒上垂直生长成为纳米棒，并且由于 ZnO 纳米棒的长度和厚度逐渐变大，ZnO/SnO₂ 异质结构最终呈现出刺猬状的纳米结构[11]。

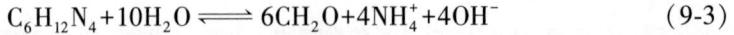

$$C_6H_{12}N_4+10H_2O \rightleftharpoons 6CH_2O+4NH_4^++4OH^- \tag{9-3}$$

$$Zn^{2+}+2OH^- \rightleftharpoons ZnO+H_2O \tag{9-4}$$

图 9-12　ZnO/SnO₂ 刺猬状异质结构形成模型图

9.7　紫外探测器性能测试与分析

9.7.1　SnO₂ 纳米颗粒自供能紫外探测器的性能研究

本节分析以 ITO 透明导电玻璃作为衬底，生长形貌为八面体纳米颗粒的 SnO₂ 作为光阳极制备的自供能紫外探测器性能，包括反应探测器对不同波段光响应程度的光谱响应、反应探测器响应能力和稳定性的 J-T 特性曲线。

图 9-13 为 SnO₂ 自供能紫外探测器的光谱响应测试结果，测试的范围为 260～800 nm，并且测试的过程是在外加零偏压的条件下进行的。由图 9-13 可以观察到，SnO₂ 探测器从外加波长为 300 nm 的紫外线开始出现光电流响应并且响应电流随着入射紫外线波长的增大而逐渐增强。在 370 nm 处达到响应峰值后响应电流又随入射光波长的增大而快速衰减，最终约在 390 nm 处回到无响应状态。这表明该器件能对 300～390 nm 波段的紫外线产生响应，可以用于紫外线的探测。此外，器件对 390～780 nm 的可见光波段均处于无响应或响应电流非常微弱的状态。这说明 SnO₂ 探测器具有可见光盲特性，有利于器件甄别紫外光和可见光。最后还需要说明，由于器件在测试的过程中没有外加偏压但仍能在 300～390 nm

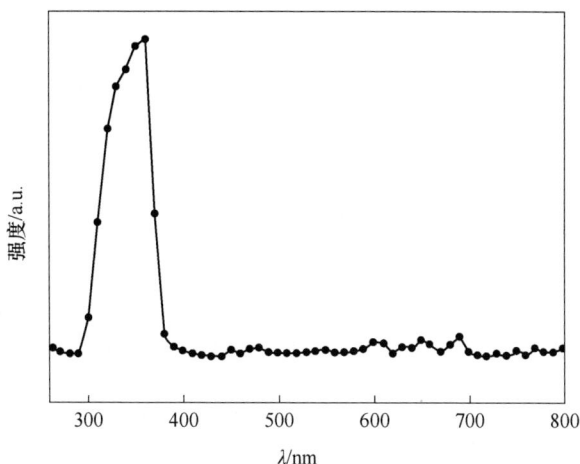

图 9-13　SnO_2 自供能紫外探测器的光谱响应

波段产生光响应电流，表明器件具有自供能特性。

　　J-T 特性曲线的测试方法是先设置固定不变的紫外线参数，入射光波长和光功率密度（365 nm，40 mW/cm^2），然后通过每隔一段相同的时间改变一次紫外光源的电源开关状态从而控制紫外线对 SnO_2 探测器的照射状态。具体来讲，从电源关闭的状态开始测试光电流信号，此时器件没有接收到紫外线信号。10 s 后打开电源使紫外线照射到器件上，过了 10 s 后再次关闭电源使器件再次回到无信号状态。以 20 s 为一个周期，测试 10 个周期的光电流信号再绘制成图即完成 J-T 特性曲线测试。

　　图 9-14 展示了 SnO_2 自供能紫外探测器的 J-T 特性曲线测试结果。可以观察到，当紫外光源的电源打开时（如图中"开"所指的位置），SnO_2 探测器的光响应电流迅速上升，在达到峰值后保持稳定的探测数值。当电源断开时（如图中"关"所指的位置），器件的光响应电流迅速衰减至无响应状态，并在下一个"开"指令来临前保持无响应状态。SnO_2 探测器的光响应电流密度峰值可达较高，并且在测试的十个周期中发出"开"指令后光电流密度都能在这个数值不大的范围内波动，没有随测试时间的延长产生明显的衰减，表明该器件具有良好的探测紫外线的稳定性。此外，每次有"开"和"关"指令时，光电流密度都能在几到十几毫秒迅速上升到峰值或衰减到无响应状态，在图上表现为光电流密度几乎是垂直于 x 轴上升和下降的。这表明器件的上升时间和下降时间都极短，显示出器件具有极快的响应速度。最后还要指出，J-T 特性曲线的测试过程是在零偏压条件下进行的，而器件能产生响应表明其具有自供能特性。

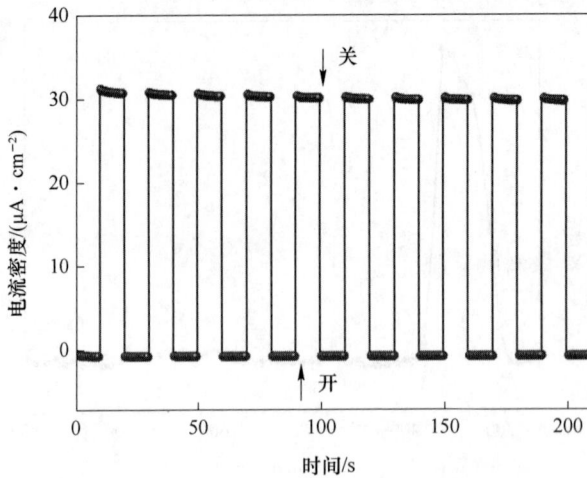

图 9-14　SnO$_2$ 自供能紫外探测器的 *J-T* 特性曲线

9. 7. 2　ZnO/SnO$_2$ 自供能紫外探测器的性能研究

图 9-15 为在零偏压条件下测量的 260 ~ 800 nm 波长的光对以 SnO$_2$ 和 ZnO/SnO$_2$ 为光阳极制备的紫外探测器的光谱响应。测试的结果显示，基于 SnO$_2$ 和 ZnO/SnO$_2$ 的紫外探测器都对波长在 300 ~ 390 nm 的光子表现出光电流响应，而在入射光波长在可见光范围中几乎找不到光电流，这表明两种器件都具有良好的可见光盲特性，适合用作探测紫外线的工具。此外，在具有光响应的波长范围内，使用 ZnO/SnO$_2$ 作为光阳极的紫外探测器的光电流响应性明显要高于 SnO$_2$ 器件，说明制备成异质结构有利于提升器件的性能。值得一提的是，探测器的光谱响应测试仍然是在零外加偏压条件下进行的，表明 ZnO/SnO$_2$ 紫外探测器也具有自供能特性。

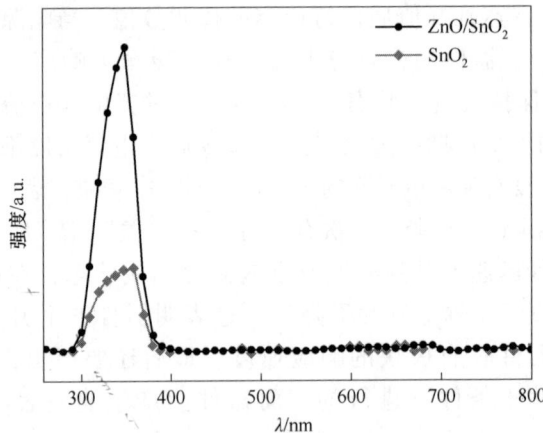

图 9-15　SnO$_2$ 和 ZnO/SnO$_2$ 自供能紫外探测器的光谱响应测试结果

ZnO/SnO$_2$ 自供能紫外探测器测试 J-T 特性曲线的方法和 SnO$_2$ 相同。用紫外线灯（40 mW/cm^2，365 nm）模拟紫外线照射 SnO$_2$ 和 ZnO/SnO$_2$ 紫外探测器 10 s，然后关闭紫外线灯电源 10 s，重复这种开关行为 10 次并测量整个过程中的 J-T 特性曲线（J 为光电流密度）。测试结果如图 9-16 所示，其中黑色和灰色曲线分别为 SnO$_2$ 和 ZnO/SnO$_2$ 紫外探测器的 J-T 特性曲线。ZnO/SnO$_2$ 紫外探测器的光电流密度在紫外线照射下迅速上升至 0.94 mA/cm^2，并且在紫外线照射期间光电流密度都保持在相对稳定的区间，然后随着紫外线灯电源的关闭而迅速降低至初始状态。由图可以观察到，ZnO/SnO$_2$ 紫外探测器的光电流密度可以在"开"和"关"变化下重复生成的十个周期中达到相近的峰值并保持稳定，这表明基于 ZnO/SnO$_2$ 的自供能紫外探测器具有较好的稳定性。此外，ZnO/SnO$_2$ 探测器在得到"开"和"关"指令时也能迅速从无响应到出现光响应电流并迅速上升至峰值或从光电流的峰值衰减至无响应。相比之下，SnO$_2$ 紫外探测器也有较好的稳定性和极快的响应速度，但光响应电流密度低，峰值电流仅为 0.031 mA/cm^2。换言之，ZnO/SnO$_2$ 异质结构使自供能紫外探测器探测响应电流的能力提升了近 30 倍。由于 ZnO/SnO$_2$ 探测器的 J-T 特性曲线是在外加零偏压条件下进行的，这表明所制备的探测器具有自供能特性。

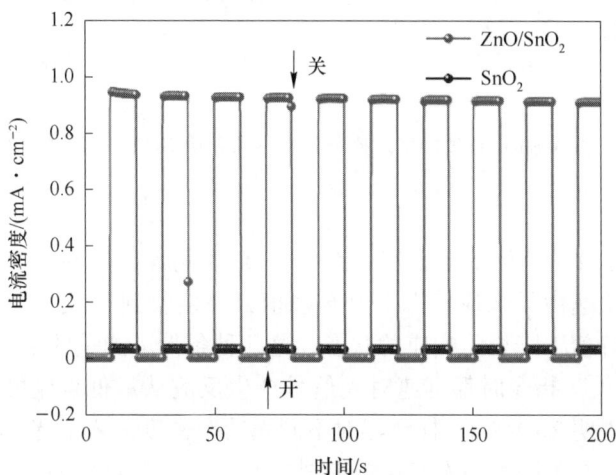

图 9-16 SnO$_2$ 和 ZnO/SnO$_2$ 自供能紫外探测器的 J-T 特性曲线

图 9-17 为在不同光强和相同的入射紫外线波长（365 nm）下，以 20 s 为一个周期重复紫外线电源的这种开关行为各 10 s 来测量 ZnO/SnO$_2$ 自供能紫外探测器 10 个周期的 J-T 特性曲线，通过改变入射紫外线的功率密度来得到不同的测试结果。图 9-17（a）~（d）分别为紫外光功率密度为 10 mW/cm^2、20 mW/cm^2、30 mW/cm^2 和 40 mW/cm^2 下测量得到的 J-T 特性曲线。可以看出，在不同光功

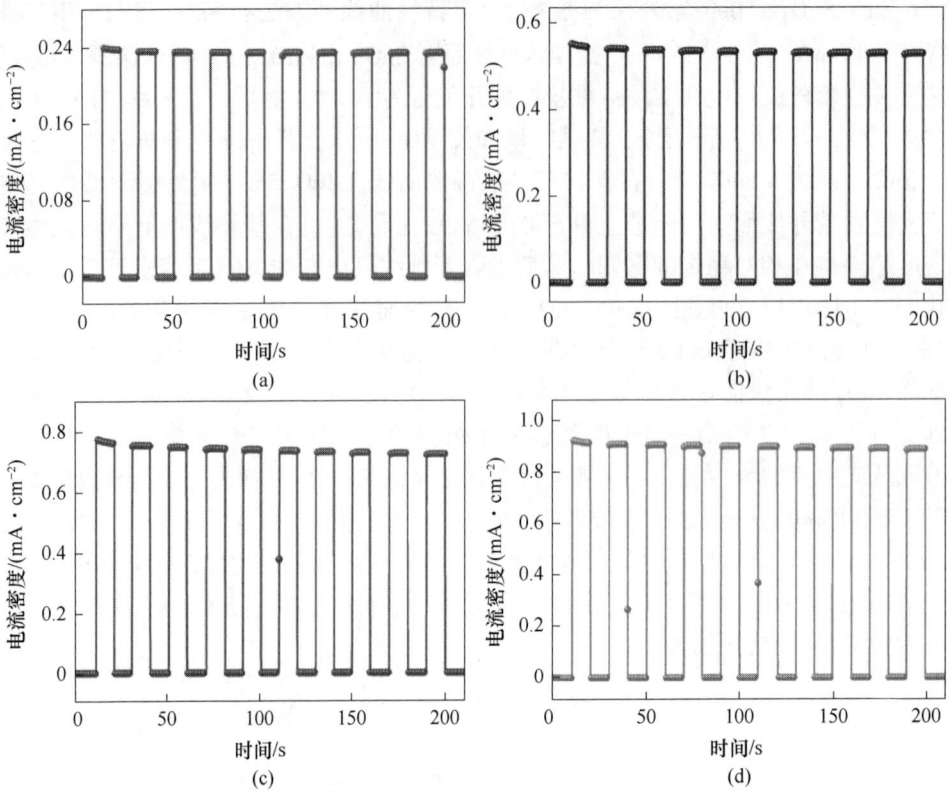

图 9-17　ZnO/SnO$_2$ 自供能紫外探测器在不同光功率密度下的 *J-T* 特性曲线

（a）10 mW/cm^2；（b）20 mW/cm^2；（c）30 mW/cm^2；（d）40 mW/cm^2

率密度的紫外线作为光源的条件下，ZnO/SnO$_2$ 探测器在收到"开"指令时光电流密度仍然能快速由无响应状态上升至峰值，在接收到"关"指令后光电流密度也能迅速由峰值下降至无响应的状态。这几种条件下测量的 *J-T* 特性曲线在收到"开"和"关"指令时都迅速对光信号产生反应从最低点到峰值或从峰值回到最低点，这表明 ZnO/SnO$_2$ 探测器对不同光功率密度的入射光都能有极快的响应速度。此外，在不同光功率密度的紫外线照射下，ZnO/SnO$_2$ 探测器探测的光电流密度在达到峰值或者衰减至无电流状态后均能保持稳定，说明该器件在不同光功率密度变化下仍然能保持极好的稳定性。测试的过程是在零偏压下进行的，因此在不同光功率密度的紫外线照射下，ZnO/SnO$_2$ 探测器仍然具有自供能特性。

　　在图 9-18 中，我们还可以看到，在光功率密度分别为 10 mW/cm^2、20 mW/cm^2、30 mW/cm^2 和 40 mW/cm^2 的 365 nm 的紫外线照射下测量得到的光电流密度峰值分别为 0.24 mA/cm^2、0.54 mA/cm^2、0.76 mA/cm^2 和 0.94 mA/cm^2。图 9-18 为光照强度和光电流密度的定量关系图，是通过取不同光强和对应的光电流密度峰值得到的散点图，而图中的直线是用散点图的数据点拟合得到的回归直线。从图上可以看出数据点都分布在线性回归直线左右，光电流密度基本随着光照强度的增加而线性增加，表明器件具有进行精准紫外探测的潜力。

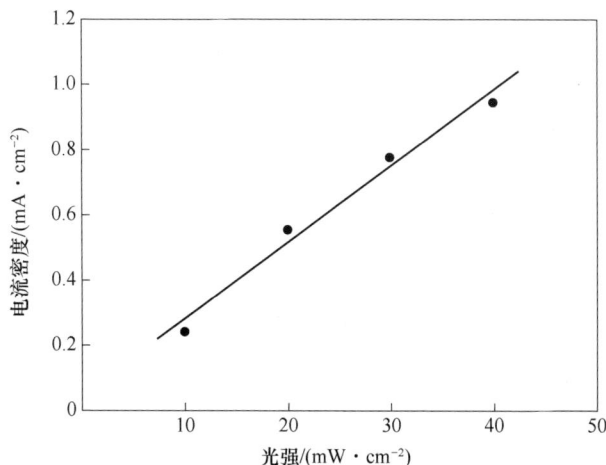

图 9-18　光照强度和光电流密度的定量关系图

前面提到过电子寿命与伯德图的峰值处频率成反比关系，因此峰值处的频率越低，电子的寿命就越长，就越有利于对光生电信号的探测。图 9-19 为基于 SnO_2 和 ZnO/SnO_2 的自供能紫外探测器的伯德图，由图可以观察到由于 ZnO/SnO_2 器件的峰值处频率仅为 31.62 Hz，低于 SnO_2 的 46.42 Hz，故 ZnO/SnO_2 器件比 SnO_2 器件具有较高的电子寿命。因此，基于 ZnO/SnO_2 异质结构的探测器拥有比 SnO_2 探测器更好的性能。

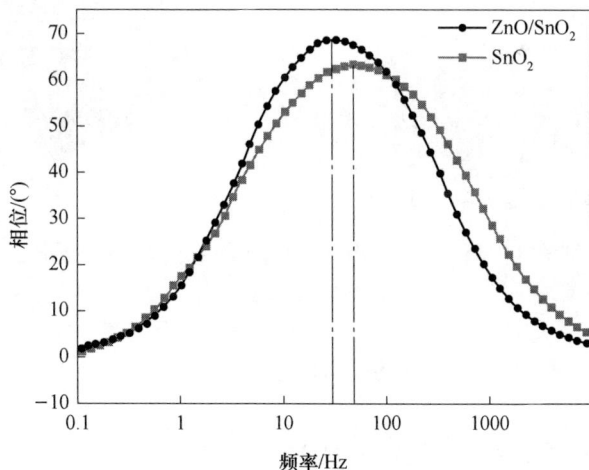

图 9-19　SnO_2 和 ZnO/SnO_2 自供能紫外探测器的伯德图

9.8　ZnO/SnO$_2$ 紫外探测器的机理研究

基于以上结果，图 9-20 中提出了 ZnO/SnO$_2$ 刺猬状异质结构的紫外探测器性能提升的机理图。与 SnO$_2$ 探测器相比，基于 ZnO/SnO$_2$ 异质结构 UVPD 的探测性能的提高可能主要归因于 ZnO/SnO$_2$ 异质结构的刺猬状形貌对紫外线散射的影响、ZnO 纳米阵列的电子传输能力和 II 型能带对电子-空穴的分离作用。由于 ZnO/SnO$_2$ 刺猬状结构之间和 ZnO 纳米棒之间留有适当的间距，以及刺猬类结构的复杂表面，紫外线在 ZnO/SnO$_2$ 刺猬状结构之间和 ZnO 纳米棒之间反复折射，增强了宽禁带半导体材料对紫外线的吸收作用。从图 9-6（a）对超声处理后拍摄的 ZnO/SnO$_2$ 异质结构扫描电子显微镜图中我们发现，ZnO 纳米棒是垂直于 SnO$_2$ 八面体纳米颗粒的表面生长，因此在 SnO$_2$ 八面体纳米颗粒的表面上保留了 ZnO 纳米阵列。这意味着在 ZnO/SnO$_2$ 异质结构中还同时保留着 ZnO 纳米阵列的电子传输能力，这有利于提升探测器的性能。此外，由于 ZnO 的导带和价带均低于 SnO$_2$，因此形成的 ZnO/SnO$_2$ 异质结构能带类型为 II 型，这有利于电子-空穴对的分离。因此，基于 ZnO/SnO$_2$ 异质结构的紫外探测器在光谱响应、J-T 特性曲线等测试中表现出比基于 SnO$_2$ 器件更好的性能。

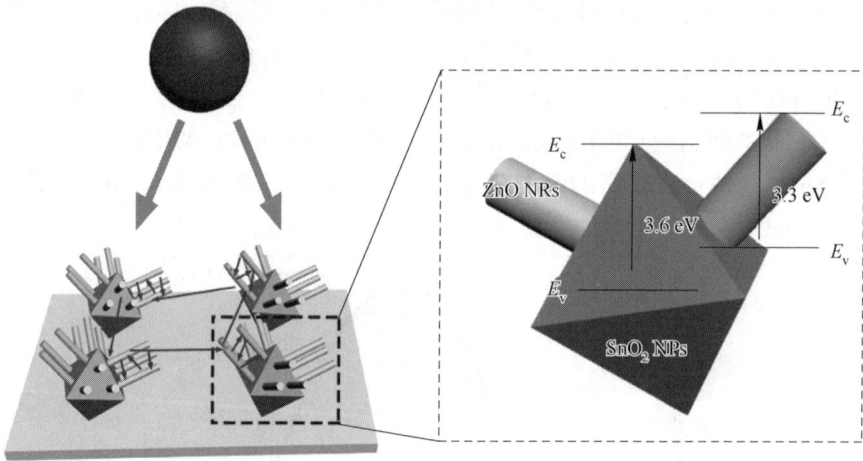

图 9-20　基于 ZnO/SnO$_2$ 异质结构的紫外探测器机理图

9.9　本章小结

在本章中首先通过磁控溅射法在 ITO 衬底上生长了一层 ZnO 薄膜，然后将其浸泡在 SnF$_2$ 溶液中通过液相沉积法制备了 SnO$_2$ 八面体纳米颗粒。在已合成的

SnO_2 八面体纳米颗粒上用磁控溅射法溅射一层 ZnO 种子层，再通过水热法使种子层生长为纳米阵列构建了 ZnO/SnO_2 刺猬状异质结构。用 SEM、TEM、XRD 等仪器对 ZnO/SnO_2 样品表征分析，并探究了刺猬状分层结构的形成机理。探测了基于 SnO_2 和 ZnO/SnO_2 异质结构的紫外探测器性能。主要的实验结果如下：

（1）SnO_2 样品形貌为平均对角线长度为 800 nm 表面光滑的八面体块状纳米颗粒，均匀紧密地一层一层覆盖在 ITO 衬底上；水热反应后 SnO_2 八面体块表面上垂直生长了许多平均长度 400~500 nm 的 ZnO 纳米棒，形貌呈刺猬状分层结构。ZnO/SnO_2 刺猬状异质结构的形成主要是依靠通过磁控溅射法溅射到 SnO_2 八面体纳米颗粒表面上的 ZnO 种子层为后续生长提供的形核中心，在适当的 pH、温度和压强环境下 $Zn(OH)_2$ 中间体分解成 ZnO 使纳米棒逐渐长大。

（2）紫外探测器性能研究结果表明，基于 SnO_2 和 ZnO/SnO_2 的探测器都能实现对紫外线的探测并且都具有可见光盲特性。此外，两种器件均表现出极快的响应速度和良好的稳定性。在零偏压下能测得光响应电流表明器件具有自供能特性。ZnO/SnO_2 探测器拥有比 SnO_2 探测器更好的器件性能。主要原因有：ZnO/SnO_2 异质结构的刺猬类形貌增强了对紫外线散射的作用，使得材料能充分吸收而利用紫外线产生非平衡载流子；SnO_2 八面体纳米颗粒的表面生长了 ZnO 纳米阵列，提高了电子传输能力；ZnO/SnO_2 异质结构能带类型为 II 型能带，有利于导致电子-空穴对的分离，从而获得了更长的载流子寿命和更高的光响应电流。

参 考 文 献

[1] Basak D, Amin G, Mallik B, et al. Photoconductive UV detectors on sol-gel-synthesized ZnO films [J]. Journal of Crystal Growth, 2003, 256 (1/2): 73-77.

[2] Liu K W, Ma J G, Zhang J Y, et al. Ultraviolet photoconductive detector with high visible rejection and fast photoresponse based on ZnO thin film [J]. Solid-State Electronics, 2007, 51 (5): 757-761.

[3] Hatch S M, Briscoe J, Dunn S. A self-powered ZnO-nanorod/CuSCN UV photodetector exhibiting rapid response [J]. Advance Materials, 2013, 25 (6): 867-871.

[4] Lou Z, Yang X L, Chen H, et al. Flexible ultraviolet photodetectors based on ZnO-SnO₂ heterojunction nanowire arrays [J]. Journal of Semiconductors, 2018, 39 (2): 024002.

[5] Hu L F, Yan J, Liao M Y, et al. Ultrahigh external quantum efficiency from thin SnO₂ nanowire ultraviolet photodetectors [J]. Small, 2011, 7 (8): 1012-1017.

[6] Wan Q, Dattoli E, Lu W. Doping-dependent electrical characteristics of SnO₂ nanowires [J]. Small, 2008, 4 (4): 451-454.

[7] Tian W, Zhai T Y, Zhang C, et al. Low-cost fully transparent ultraviolet photodetectors based on electrospun ZnO-SnO₂ heterojunction nanofibers [J]. Advanced Materials, 2013, 25 (33): 4625-4630.

[8] Nie J F, Wu Y Y, Li P T, et al. Morphological evolution of TiC from octahedron to cube

induced by elemental nickel [J]. CrystEngComm, 2012, 14 (6): 2213-2221.

[9] Yuan J J, Li H D, Wang Q L, et al. Facile fabrication of aligned SnO₂ nanotube arrays and their field-emission property [J]. Materials Letters, 2014 (1): 43-46.

[10] Xu L, Xing R Q, Song J, et al. ZnO-SnO₂ nanotubes surface engineered by Ag nanoparticles: synthesis, characterization, and highly enhanced HCHO gas sensing properties [J]. Journal of Materials Chemistry C, 2013, 1 (11): 2174.

[11] Ashfold M N R, Doherty R P, Ndiforangwafor N G, et al. The kinetics of the hydrothermal growth of ZnO nanostructures [J]. Thin Solid Films, 2007, 515 (24): 8679-8683.